2022

◎ 吴慧平 主编

南方传媒  岭南美术出版社

中国·广州

**图书在版编目（CIP）数据**

书艺.2022 / 吴慧平主编. —广州：岭南美术出版
社，2024.5
ISBN 978-7-5362-7654-3

Ⅰ.①书… Ⅱ.①吴… Ⅲ.①书籍装帧—设计
Ⅳ.①TS881

中国国家版本馆CIP数据核字(2023)第015954号

学术支持：广东省高等教育学会书法教育专业委员会
主　　编：吴慧平
副 主 编：洪　权
编　　委：（按姓氏笔画排序）
　　　　　王　客　邓宝剑　毕　罗　朱友舟
　　　　　朱圭铭　乔志强　刘羽珊　李　永
　　　　　李阳洪　杨吉平　张　冰　张传旭
　　　　　张爱国　罗红胜　宗成振　孟庆星
　　　　　姚宇亮　徐东树　唐楷之　常　春
　　　　　崔树强　蒋明智　靳继君　蔡梦霞
　　　　　熊沛军
责任编辑：彭　辉
责任技编：谢　芸
责任校对：梁文欣

**书艺.2022**

SHUYI.2022

出版、总发行：岭南美术出版社（网址：www.lnysw.net）
　　　　　　　（广州市天河区海安路19号14楼　邮编：510627）
经　　　销：全国新华书店
印　　　刷：东莞市翔盈印务有限公司
版　　　次：2024年5月第1版
印　　　次：2024年5月第1次印刷
开　　　本：889mm×1194mm　　1/16
印　　　张：12.25
字　　　数：214.5千字
印　　　数：1—1000册
ISBN 978-7-5362-7654-3
定　　　价：78.00元

## 书法的学科精神

最近，国务院学位委员会公布了调整后的研究生招生目录，把书法这一原属于美术学下面的二级学科提升为与美术并列的一级学科，取消单独的美术学一级学科，采用"美术与书法"这一名称作为艺术学科门类下面的一级学科。从这次的调整而言，书法从美术学下面的二级学科变为与美术并列的一级学科，对书法学科的建设而言，确实影响深远。《书艺》的出版，可谓及时。

首先，我们今天所谓的"学科"一词来自西方，基本上是西方学科名词的移植。因为书法是中国特有的一门艺术，所以在西方找不到对应的学科目录。这是书法学科进入全球化视野的一个局限。目前，书法虽然取得了与美术并列的学科地位，但毫无疑问，这仅仅是进行学科目录调整的权宜之计。因为从学科的分类逻辑来看，书法是属于美术范畴里的一门艺术，和中国画与美术的关系一致。而且，书法不仅仅是一门中国特有的视觉艺术，还是一门具有悠久历史的传统文化。书法与美术的并列仅仅是凸显了它们在视觉艺术这一概念下的功能，而事实上，书法的地位要远远高于绘画。因此，单独将书法与美术并列，感觉是抬高了书法的学科地位，实际上是将书法的其他属性或者说是特殊性给遮蔽了。

其次，书法与美术、文学的密切相关决定了书法既属于纯粹的视觉艺术，又属于极富内涵的文学艺术范畴，而且书法的学科属性与文学的学科属性有更多相似之处。相对而言，书法的文化属性是要高于其艺术属性的。我们知道，书法是以毛笔为书写工具，以文字为书写对象而形成的一门艺术；文学则是以语言文字为载体，通过文字内容来表达作者内在情感的艺术。二者都与文字有着密切的联系，这是它们之间最为明显的关联。不用说文字学、古代汉语、文献学等这些与文学和书法都有非常密切联系的学科，就拿文学中的诗词来说，也是和书法有着密切联系。古代经典的书法作品除了手札、墓志铭等内容之外，诗词便是书法创作中一个非常重要的书写内容。而且在我们的文学史上就有"以诗论书，以书论诗"的传统，更能看出它们之间的密切联系。因此我们如果只是将书法与美术并列，实际上是把书法的文学属性和其他属性弱化，隐而不现。既然这样，是不是把书法并入文学门类会更好呢？仔细想想，情况也不见得好到哪里。最为重要的原因是书法自身的学科属性很特殊，很难把它归结到一个相对清晰的学科门类上。书法体现了中国文化的精神与艺术的本质。它与各种艺术教育相通，篆刻、音乐、绘画、戏剧、舞蹈、雕塑可谓其"同盟艺术"。它们有着相互渗透的不解之"缘"，在书法艺术美的形态、美的意蕴里，我们能看到、体会到其他艺术美的品格，颇有通理之处、通感之觉。正如宗白华先生在《美学散步》著作中指出："中国的绘画、戏剧和中国另一特殊艺术——书法，具有共同的特点，这就是它们的里面都贯穿着舞蹈的精神，由舞蹈的动作显示虚灵的空间。"这便是书法的特殊之处，也是书法的迷人之处。

因此，在我们看来，书法如与美术并列，还不如把其置入交叉学科门类之下，成为它下面的一个一级学科，可能会更适合。2021年1月国务院学位委员会颁布了《国务院学位委员会 教育部关于设置"交叉学科"门类、"集成电路科学与工程"和"国家安全学"一级学科的通知》。"交叉学科"门类的设置为培养创新型人才奠定了很好的基础，目前从《博士、硕士学位授予和人才培养学科专业目录（征求意见稿）》可以看到，新增六个"交叉学科"门类一级学科，包含"集成电路科学与工程""国家安全学""设计学""遥感科学与技术""智能科学与技术""区域国别学"。书法不仅仅是艺术，也不完全是文化，把它定义为艺术，完全是我们人为的划分，也与书法面临的环境密切相关。在我国的文化发展史上，书法的地位是远远高于绘画的地位的，历史上的一些伟大的书法家无一不是国家的精英人物，如秦代的李斯、东晋的王羲之、唐代的颜真卿、宋代的苏东坡等。作为中国传统文化的重要表征，书法不仅与中国的文、史、哲等学科有着密切的关联，也与社会学、经济学、人类学等也有着密切联系，在研究方法上更是五花八门，涉及众多的学科，显示出其明显的多学科交叉与融合的特点。因此可以借鉴设计学科的分类，将书法专业学科放入艺术学科门类之下，而把"书法学"放在"交叉学科"门类下，和"设计学"一样，将会是一个更好的选择。如果将其放在"交叉学科"之下的一个一级学科，它下面可以包含四个二级学科目录：书法史论、书法批评、书法教育和书法实践。

著名的书法家沈尹默曾说："世人公认中国书法是最高艺术，就是因为它能显出惊人奇迹，无色而具画图的灿烂，无声而有音乐的和谐，引人欣赏，心畅神怡。"美学家朱光潜在《谈美》中云："书法在中国向来自成艺术。它可以表现性格和情趣。"林语堂认为："书法提供了中国人民以基本的美学，中国人民就是通过书法才学会线条和形体的基本概念。因此，如果不懂得中国书法及其艺术灵感，就无法谈论中国的艺术。"美学家韩玉涛认为："本来，中国书道的源头，也是中国哲学的源头，表现在一个古老的传说，即'伏羲画卦'的传说上。相传伏羲氏所画的卦，既是形象，又是抽象；既是哲学，又是书道。"熊秉明先生认为："中国文化的'核心'是中国哲学，而'核心的核心'是书法。"著名书法教育家欧阳中石先生认为："从书法的教学看，教以读书治学之道，立德修身之功，情操高洁之趣，冶饰仪表之雅，正借以向深邃诱导之良媒，应该认识到这才是书法艺术的灵魂精英所在。"因此，不论我们是把书法放在艺术这一学科门类还是放在交叉学科这一学科门类，折射的是国家意识层面的认识，书法背后的文化认同。书法对于中国人审美的重要意义和其对于增进中国文化自信的重要意义，对我们而言都是如此重要，因此不论书法学科放在哪一个学科门类，我们都得兼顾审美与文化双方共赢的"最大公约数"。

**吴慧平**

广州美术学院教授、博士生导师，美育与艺术教育研究所所长

# 目 录

# 书法展览与当代书法创作
## ——从晚明巨轴行草说起

张爱国

中国书法在结束了"依附（非纸）时期"进入"纸时期"① 以来，其发展的主要内在动力是书法创作审美自觉意识的深化和升华。这种内在动力又与书法家的天赋、性情、功力、学养等因素构成互动，共同推动书法创作的前进。而书法幅式的翻新、更替及变化是这种互动的外化表现之一。就书家的天赋、性情来说，笔者向来以为，有些人是不适合甚至可以说不可能写好行草书的，历史上及今天无数的书家及学书者个例都印证了这一不是真理的"真理"。

这里需要指出的是，晚明的行草书创作，尤其是巨轴行草创作是前无古人的，晚明的行草书领域人才辈出、大家林立。以往人们对明代书法的认识必须加以更正——明代尤其是晚明书法绝不是什么帖学末流，而是无比震撼人心和辉煌璀璨的。长期以来，书法界有些学者为了突出清代碑学的巨大成就，而将晚明书法说成衰颓不振是没有事实依据，也非常缺乏学术素养的一种表现。此外，多年来对明末清初书家的划分，尤其是王铎、傅山、八大山人等人的朝代归属也显得混乱和无理。在多数关于清代书法史的研究中，上述三人被划入其中，却和整个清代的书法如此格格不入，让人觉得尴尬和费解。从艺术风格、

---

① "依附（非纸）时期"与"纸时期"先后相对，意指中国书法在纸张出现之前依附于甲、金、石、竹、木等材料上的呈现及流传。有关"依附（非纸）时期"及"纸时期"的划分及论定，详见张爱国：《依附与再生——中国书法史论研究断想》，《书法报》1999年第41、43、45、46期连载。

潮流、流派的承递发展或趋向归类的角度来说,上述三人自应划归晚明书家群。这是最接近艺术史本体的划分法,而不是仅仅遵循书家生卒年时间和朝代更替时间的对应(这种划分法既对艺术发展史的研究颇有隔阂,又忽略了艺术创作及其主体本身的客观存在及价值)。

而上述三人恰恰于行草书上成就惊人,和晚明徐渭、董其昌、张瑞图、黄道周、倪元璐等人共同开启了一股伟大的艺术潮流,在中国书法史上留下了一个无比辉煌的篇章。

不难看出,在"纸时期"到来之后,书法创作审美自觉意识进一步发展,晚明的巨轴行草创作是其中的典型。其与当代书法进入展览时代以来的创作追求颇有相通之处,晚明的巨轴行草创作可以视作是当代书法创作的"先导"。因此,晚明巨轴行草的盛行和之后的渐趋衰落,使得明代书法一方面是帖学的完结;另一方面从展示的角度来讲,从当代书法进入展览时代的角度来讲,其轴类书法(包括对联这一样式)作品,尤以晚明的巨轴行草作品为代表,由于共时空、具整合性质的成功实现了"三大转变"(小字→大字、坐书→立书、案头品→壁上观)。所以,晚明巨轴行草由此意义上来说又是当代书法的源头与开端。这让晚明书法一方面成为传统书法创作的延续,另一方面又成为当代书法创作的"先行者",在书法进一步走向纯艺术审美的道路上扮演了举足轻重的角色,有着承前启后的意义,它让文人自娱式的书法创作逐步走向"自娱亦娱人""娱人复娱众"的竞技展示式创作,最终引发了当代书法创作观念的重大改变。如果要论定晚明书法有什么历史意义,那么,最大的意义或许在于斯。

当然,尽管晚明巨轴行草书法处在轴类书法发展的成熟期,但我们确实看到这一阶段有些作品仍然不够成熟或完善。因此,有必要对这一时期的作品进行深入细致的甄别、比较、解析等研究,知道哪些作品是这一时期的代表作,哪些作品尚有不足,而不是一窝蜂地统统以之为取法借鉴的对象——不辨真伪、不分优劣。更重要的是让我们可以清楚地看到,哪些作品是真正能够代表晚明的,而哪些作品不能代表。从而不至于让今天的某些人盲目地得出"明清高不可攀"或"明清也不过如此"这样两个十分极端且自相矛盾的结论。

## 一、对当代书法创作中"书家身份"追求的思考

值得注意的是,当代几乎所有涉及晚明巨轴行草的理论,都认为其创作目的是指向审美而非"实用",并以此作为当代书法走向纯艺术审美(换句话说,即为书法而书法)的历史依据。对此,笔者不能苟同并认为这样的认识非常有害。理由有二:一是虽然晚明的巨轴行草反映了当时书家明确的审美追求,但晚明书家作为纯粹书法艺术家的身份并未确立(晚明的代表性书家中五人是高官,三人为画家),他们的轴类作品几乎无一例外地给某人用于欣赏或装饰厅堂,当时的人已有这样的客观条件。而当代的某些纯粹为了展示、为了压倒同处展厅的其他作品而选择越来越大的作品尺幅,几乎在大多数居室都无法悬挂,有的甚至在展厅里也无法悬挂。这就提醒我们:当代作为纯粹书法艺术家的身份似乎比晚明书家在书法审

美追求上做得更彻底的同时，可能也走到了一个极端，所谓物极必反（今天的某些书法家综合素质之差及书法家数量之多是同样惊人的）。可能这种"身份追求"越彻底，也就越远离了真正意义上的"书法创作"。二是在盲目追认晚明书家"纯艺术审美"的创作目的之后，囫囵吞枣地对晚明书家的作品抱全盘肯定和吸收的态度。由于当代许多书法家自身传统功力的不足及书法展览的泛滥，使当代的书法创作愈来愈走向表面和肤浅。因此，进入古人厅堂和进入今人一个个展厅的巨轴作品的创作目的、情境以及艺术表现仍然是有较大差异的，晚明诸大家进入厅堂的巨轴行草作品在很大程度上仍然保留着卷札类作品供人品评玩赏的性质，而展览提供给当代巨轴行草作品的命运却是浮浅和虚幻，猛烈喧闹的炒作和对作品真正关注的缺失形成了巨大的反差，以致出现了所谓的"三秒钟现象"（即在展示作品前停留不超过三秒钟）。展厅中的当代巨轴行草作品并未得到真正的、从容不迫的品评，便被下一个展览的作品取而代之。如果长此以往，总是以这种"情状"来引导创作的话，当代的书法创作就只能陷于某种"情状"而不能自拔了，这同样也削弱了当代书法创作的力量和深度。[①]

因此，对书家身份的追求应该是适可而止的，当代的书法创作应该更多地去吸取晚明这一大批天才书家创作中更内在、更有渊源、更有审美层次、更富人文精神和时代情怀的营养，而不是在表面上、在"身份追求"上对他们进行超越或强化。我们的创作也只有在深入地反映当代文化特质和时代审美精神的前提下，讲究个性的张扬、情感的宣泄、艺术创作审美追求的彻底，而不是表面上的、人云亦云的、为艺术而艺术的、为创作而创作的、为书法而书法的。

## 二、巨轴行草——当代书法展览：当代书法创作目的和观念的变异

前文已提及，当代的某些书法创作对于晚明的巨轴行草创作来说，有"盲从"之嫌，它们是当代书法创作中的"孪生"因子，它们的存在将干扰当代书法创作的健康成长。那么，"盲从"根源何在呢？以笔者愚见，这个根源，就是当代书法展览。

可以说，现代意义上的书法展览首先出现在日本。日本大正三年（1914）的"大正博览会"上，书法首次参加展出，以后展览会上的书法展品数量每年倍增，极其兴盛。[②]随着书法展览频繁亮相，人们对作品仔细咀嚼的耐心也逐渐减少，人们希望看到那种"一目了然""富有视觉效果""充满激清"的作品。这时，日本的书道家们敏感地发现晚明的巨轴行草书，那种对大尺幅的追求以及情感宣泄与现代展览对书法作品的要求不谋而合。在日本书道家的创作中，对晚明这种风气的开掘越来越变本加厉，一发而不可收……以致在日本书坛出现了盛极一时的"明清调书法"，并蔚成一股"时尚"的潮流。

---

① 沙孟海：《沙孟海论书丛稿》，上海书画出版社，1987年，第26页。

② 木神莫山：《日本书法史》，陈振濂译，上海书画出版社，1985年，第98页。

在中国，与日本类似的情况似乎直到改革开放以后近二十年才出现，尽管近现代中国的书法展览早在二十世纪二三十年代已出现：1929年4月10日至5月10日，中国第一届全国美术展览会在上海举办，其中包括书画、金石。但那时的展览还没有获得它在书坛的地位。在于右任、沈尹默、谢无量的时代，书法展览还远没有像今天这样对书法家的创作产生如此巨大的影响。随着改革开放及"市场经济"概念的提出，展览在书法界的地位和影响与日俱增。从1980年5月在沈阳举办的"全国第一届书法篆刻展览"（以下简称"国展"）到2003年启动的"全国第八届书法篆刻作品展览"，"文革"后的中国书法展览已走过了二十三个年头。其中，"国展"已举办了八届、"中国书坛兰亭书法双年展"（以下简称"兰亭展"）举办了一届、"全国中青年书法篆刻家作品展"（以下简称"中青展"）举办了八届、"全国篆刻艺术展览"举办了四届……我们可以看到，各种各样的书法展览此起彼伏，参展人数也是成千上万，加上新闻媒体的炒作宣传，它们一方面成为书法家和书法爱好者向世人展示其创作成果的最佳途径，另一方面也深深地影响甚至左右了这些人的书法创作。这是中国书法史上至今为止绝无仅有的现象，也是当代书法创作发生重大变异的主要表现之一。因此，如何认识和把握书法展览和当代书法创作的关系，决定了当代书法创作的走向，也和每一个书法家个体的书法创作息息相关。

## 三、书法展览是推动当代书法创作的主力因素

书法展览的出现，从根本上动摇和改变了旧有的"文人自娱式"的书法创作观。让书法创作向"艺术表现"迈进。因为展览的某种制约及特性，书法家们总是希望自己的作品成为展厅中的一个"亮点"。因此，以往书法创作中对功力和艺术修养的强大依赖逐步被对作品表现形式的经营所取代，随之而来的是创作观念、心态、情绪、目的的极大改变。当代书法家们将展览当作检验、展示自己书法创作的一种主要方式，展览成了书法家们竞技的"角斗场"。因为展览是有其社会性及时效性的，即展览是现代社会的一种传播工具，展览是这个社会的必须和必然产物，展览是必须持续举办的，展览的时间及作品数量是受到一定限制的，每一个展览都将被下一个展览所替代等。所以，当代书法展览尤其是"国展"在造就了一大批"书法家"的同时，也消除了无数人成为"书法家"的可能，其比例一般是1：100。因此，书法展览的竞争是异常激烈和残酷的。有些书法作者因为"屡投屡败"，便不再去传统书学的海洋里遨游，而是以展览中的获奖作品或评委作品为取法对象，进行"克隆"、模仿或简单的嫁接，而忽略或丢失了那种千锤百炼的艺术创造过程，更遑论贯注在中国艺术人文精神上了。在书法创作目的和观念发生巨大变异的今天，许多人为了"书法家"的头衔而创作，为了"展览"而创作！展览的要求和评审标准成了书法创作得失成败、高低优劣的"试金石"。书法展览的要求和评审标准成了许多人书法创作的终极追求，书法展览已经无可替代地左右了数以千万的书法创作个体的书法实践。因此，书法展览在中国书法家协会的操持

下，成为推动当代书法创作的主要动力。

## 四、书法展览并不是检验书法创作的唯一标准

尽管，书法展览尤其是数个国家级书法展览对当代书法创作的影响如此巨大，其对当代书法创作的促进和繁荣也是有目共睹的。然而，书法展览仍然不是书法创作的唯一检验标准。理由如下：

### （一）书法创作的最终目的并不是展览

虽然当代许多人的书法创作是为了参加书法展览，但书法创作的最终目的并不是展览。扬雄说"书为心画"，王铎讲"所期后日书上，好书数行也"！可见，书法创作的最终目的应该是表现自己独特的"人心营构之象"与精神情趣及人格力量，带给人们真正美的享受与愉悦，达到崇高的艺术境界，创作出代表自我审美高度的艺术作品，传之后世，流芳千古！而书法展览尽管也希望将此作为其举办宗旨，但因为展览的特性注定了其将更注重时效及功利。因而，当我们回顾或审视某一展览时，我们往往只记得这一书法展览中的几件印象深刻的代表作品，使得参加书法展览的绝大多数书法家沦为这几位书法家的陪衬而不自知，甚而迷失自我。从这一点上来讲，一方面，书法展览有时甚至会蒙蔽和误导某些人的书法创作。另一方面，自古以来人们都知道"艺无止境"，但可能对它的内涵却体会得不够，书法创作的"高峰体验"倒是可以拿来和此四字比照："高峰体验"的屡次获得将越加衬托出"艺无止境"的真理光辉。从此意义上来说，书法展览同样也是无法满足书法创作这一终极目的的。

### （二）书法展览不是展示和评判书法创作的唯一方式

众所周知，除了书法展览之外，博物馆（美术馆）收藏、艺术品交易、雅集、品赏、研讨和出版物等也是书法展示及评判的常见方式。有时候，读到一本好书、碰到一位良师、交到一位益友、出版一本书法作品集……都可能让自己的书法学习和创作获得长足的进步或意想不到的效果。而书法展览尽管对某些人来说非常重要，但对某些不以为然或不热衷书法展览的人来说，它却可能是形同虚设。因此，我们不妨这么看，展示和评判书法创作的途径有多种，书法展览并不是唯一方式。只有充分认识到这一点，我们才有可能恰如其分地把握书法展览和书法创作二者之间的关系，才不至于为了展览而展览，为了创作而创作。书法创作强调的是真情贯注、随机而动，强调的是一种人格魅力在笔下的自然流露，强调的是中国书法那种崇高而优雅的人文精神的体现，这才应该是当代书法创作追求的终极目的。因此，我们应对书法展览有一个客观而理性的清醒认识，而不是在书法创作中完全被书法展览牵着鼻子走。而且，书法展览也只有和请益、交游、雅集、教育、出版等方面构成互动才能更好地发挥其威力。

## 五、应该调节好书法创作和书法展览的关系

必须指出，书法展览是我们这一时代较有影响力的书法创作展示及评判方式之一，它为我们提供了巨大的艺术创作信息，增进了书法创作的交流，对我们当代的书法创作影响极大。书法展览的的确确拥有刺激书法创作、推动书法创作、启发书法创作的功能。许多年轻的书法家通过书法展览很快赢得荣誉并获得社会认同的事例也屡见不鲜。为了书法展览，许多人不择手段、不惜一切代价，个别人甚至为之付出了生命。因此，说书法展览是当代书法创作的最有力推动器，当不为过。不过，对书法展览的盲目追随和依赖也会成为书法创作发展前进的阻碍。在这点上，晚明的巨轴行草创作作为一个成功的范例，值得我们思考和借鉴。晚明书家创作中那种张扬自我的外在形式和丰富的内在人文精神，在一系列代表作品中所达到的高度、近乎完美的统一，至今还带给我们视觉和心灵上的双重震撼，令人回味赞叹……我们当代的书法创作尽管不可能也没有必要复制四百年前的此类杰作。但是，我们可以深入地去探究晚明书家的创作背景和创作心理，洞悉他们的创作意图，了解他们的巨轴行草作品仍然是悬挂在居室里供评赏玩味的。从而把握好当代书法创作追求的"度"，即注重表现但不减功力、讲究形式但不牺牲内涵、追求个性风格但不落套路习气、鼓励创新但不是丑怪恶俗、强调"夺目"但不悖于美感、适度功利但不趋于媚俗……

相信只有站在历史的高度去审视中国书法创作目的和观念在当代的巨大变异，并处理好书法展览和自身书法创作的关系，我们就能真正走出当代的路、走出自己的路，从而创作出属于我们这个时代、属于"我"并无愧于这一时代的伟大作品！

**本文作者**

张爱国：中国美术学院

# 《集字圣教序》在清代的接受研究

董存建 袁琪冉

清代乾嘉时期，金石学和文字学得到较大发展，许多金石学家和文字学家在研究过程中参与到书法实践中，为书法艺术的发展增添新鲜养分。与此同时，由于学者研究影响，一大批书家参与到搜访碑刻中来，两者相互作用，共同推动发展，为碑派书法这一体系的确立奠定了基础。

另外，刻帖发展至清代出现较大弊端。刻帖经反复翻刻，其笔画模糊，细节之处不易识，导致当时书家书法风貌雷同，徒有其形而无笔意之态。在此状况下，金石学的发展为扭转这种风气和局面带来可能，搜访碑刻，将其列入书法学习中，增加了师法的来源，对书体的学习也更加多样化。

在金石学迅速发展及刻帖弊端的历史背景之下，《集字圣教序》这一碑刻受到清代金石学家的推崇，对此碑的研究随之增多。在清人文献中，有关《集字圣教序》的记载尤多，于集字与习作之辩、集字来源、由碑中字的残泐断定拓本年代、临习见解、翻刻本考述等方面均有所涉及，能够反映出《集字圣教序》在经历"宋人极薄之"后，渐被清代书家、学者重视。

## 一、以集字与习作之辩看清人接受

关于《集字圣教序》碑究竟是怀仁集字还是怀仁习作，在诸多学者文献记载中有着不同的见解。董其昌、郭天锡等人认为《集字圣教序》碑是怀仁所书，并声称见过真迹，对此观点清人多不认同，认为《集字圣教序》是怀仁集王羲之书迹而成，且对其集字来源有所论述。通过文献记载对《集字圣教序》是否为怀仁集字以及集字来源问题进行论述。

《集字圣教序》系怀仁习作之说始于明代董其昌，后有郭天锡也认为如此。

> 书自"皇帝在春宫述三藏圣记"起，至"岂与汤武校其优劣尧舜比其圣德者哉"止，计四十五行，后自题六行，云："《集字圣教序》怀仁集右军书，予以《禊帖》证之，多有遗者，盖是怀仁一笔伪

造，羲献风流，所存无几，学书者更具眼可也。思翁。"①

……后纸郭天锡、宋濂二跋。郭跋有云："此书赵模集右军《千字文》，《集字圣教序》结体全类此本。咸亨三年去贞观末年二十四年矣，当时此书传世已久，故字字规模也。"案，此跋是天锡以怀仁书虽习右军，其实本之于此。②

　　安岐在《墨缘汇观》中记载董其昌《临僧怀仁圣教序卷》题跋所书内容和郭天锡在《赵模行书千字文》卷后题跋语。董其昌将《集字圣教序》与集字诸帖相论证，认为《集字圣教序》无王羲之、王献之遗风；郭天锡谈《集字圣教序》在结体、风格方面与《赵模行书千字文》无异。两人均认为《集字圣教序》是怀仁习作，并非集王羲之书迹而成。对于董其昌、郭天锡"怀仁习书"之说，清代学者多不认同，如姜宸英、李光暎记载：

　　吾家有《宋舍利塔碑》，云"习王右军书"，集之为习，正合，余因此自信有会。③
　　董文敏据《宋舍利塔碑》谓集为习，乃好奇之过，不知《宋舍利塔碑》亦集王书，殆是以习为通集耳。不然，今《集字圣教序》与逸少诸帖并行，岂怀仁之书遂足以方驾右军耶？④
　　文敏言怀仁真迹在其家，恐未必是真迹，即使是真迹，当是怀仁集书后另书，岂可据此疑集书原本耶？⑤

　　《宋舍利塔碑》系集王羲之书迹而成碑刻，董其昌以碑中有"习王右军书"认为"集"通"习"，而姜宸英认为不能以"集""习"互通判定《集字圣教序》为怀仁所书，况且怀仁于书法方面并无此等造诣。李光暎谈：即便董其昌真有怀仁真迹，也有可能为集字之后临写，同样不能判定此碑为怀仁所书。两者从不同的角度对董其昌所谈《集字圣教序》系怀仁习作进行论辩，认定为怀仁集字。
　　另外，清人从《集字圣教序》集字来源角度侧面反映此碑系怀仁集王羲之书迹而成。

　　怀仁集《集字圣教序》以《兰亭序》为主，而辅以《官奴帖》，其余增损裁成，悉以为准，故一一中规中矩，为千古行书之宗。⑥
　　前幅云"佛道崇虚"，此"崇"字即《兰亭序》"崇山"字也，"山"头之下

① 安岐：《墨缘汇观》卷二《临僧怀仁圣教序卷》，清光绪元年刻粤雅堂丛书本。
② 安岐：《墨缘汇观》卷一《赵模行书千字文》，清光绪元年刻粤雅堂丛书本。
③ 董其昌：《画禅室随笔》卷一《题怀仁圣教序真迹》，清康熙刻本。
④ 姜宸英：《湛园题跋》之《又题圣教序》，涉闻梓旧本。
⑤ 李光暎：《金石文考略》卷八《集王右军圣教序记》，文渊阁四库全书本。
⑥ 王澍：《竹云题跋》卷二《唐僧怀仁集王右军书圣教序》，文渊阁四库全书本。

"宀"之上横列三小点，然后中加大点，无论定武本、褚临本皆同。①

在王澍的文献中谈怀仁《集字圣教序》的集字来源主要以《兰亭序》为主，而《兰亭序》中字数较少，不能满足集字需求。除此以外，以《官奴帖》为辅助，对右军书迹中未有的字，主要通过裁剪、组合的方式产生，但基本保证王羲之字（以下简称"王字"）原有风貌。翁方纲则通过具体的"崇"字来验证《集字圣教序》集字来源于《兰亭序》。

从考察集字来源的角度，认为《集字圣教序》系怀仁集王羲之书迹而成，不应为董其昌、郭天锡所说怀仁习作。在《集字圣教序》碑中，怀仁并未于章法、结构方面进行调整，字法基本保持王字原貌，这也成为后人论辩的重要方面。

## 二、由学王字范本之辩看清人接受

《集字圣教序》系集王字而成，虽说多数书家将其作为学习王字的范本，但此碑在字形、章法方面仍存在着一定的弊端，故学者仍有异议。在清人文献中，不以《集字圣教序》作为学习王字范本的学者主要从如下角度谈论。

其一，认为《集字圣教序》不如《兰亭序》，有如傅山记载：

> 近来学书家多从事《集字圣教序》，然皆婢作夫人。《集字圣教序》比之《兰亭序》，已是辕下之驹，而况屋下架屋？②

傅山认为《集字圣教序》远逊《兰亭序》，时人再以《集字圣教序》为学习王字的范本，便与古人相差甚远，学习王字，应以《兰亭序》为范本。而在王弘撰、周星莲、王澍的文献记载中并不认同此观点。

> 《兰亭序》虽右军得意之笔，原真迹久泯，世所传刻，其视此碑秀姿略同，骨气苍劲洞达，则正不逮耳。③
>
> 古人作书，落笔一圆便圆到底，落笔一方便方到底，各成一种章法。《兰亭序》用圆，《集字圣教序》用方，二帖为百代书法楷模，所谓规矩方圆之至也。④
>
> 至于南宋《兰亭序》诸刻，以及《淳化阁帖》《大观帖》，方之《集字圣教序》譬犹高曾之视子孙，尊卑阔绝，不敢仰视也。⑤

---

① 翁方纲：《苏斋题跋》卷下《宋拓怀仁集圣教序》，涉闻梓旧本。
② 傅山：《霜红龛集》卷三十七，清宣统三年山阳丁宝铨刊本。
③ 周星莲：《临池管见》，美术丛书本。
④ 同②。
⑤ 王澍：《竹云题跋》卷二《唐僧怀仁集王右军书圣教序》，文渊阁四库全书本。

从《兰亭序》真迹久泯,所见传刻与《集字圣教序》无别,到《集字圣教序》与《兰亭序》各成章法,只是方圆不同,认为两者都是书家学习王字不可忽视的临本。在王澍的文献中,将《集字圣教序》与南宋《兰亭序》诸刻及《大观帖》《淳化阁帖》相比较,阐释刻帖所带来的弊端,同时肯定《集字圣教序》的重要地位,认为其较好地保存了右军书迹。

其二,除却傅山认为《集字圣教序》不如《兰亭序》外,另有王志沂认为《集字圣教序》在章法、结构方面存在弊端。

惟结构无别构,偏旁多假借,为世所讥。①

王志沂文献记载怀仁集字时对于王字未有书迹以偏旁部首拼凑而成,且字形单一,结构无欹侧之势,成为时人诟病的原因。而在清人赵绍祖《古墨斋金石跋》、冯班《钝吟杂录》中对《集字圣教序》碑字形大小、行间笔势等方面有另一番论述。

其字体前后一律,今右军真迹虽不可见,而见于诸帖所汇,大小不一,即一行中亦参差不齐,盖笔势所至,非如后世作算子形也。②

或云"右军行书《集字圣教序》是集成,若寻常作书,须大小相参",此说亦有理。然右军《官奴帖》小字亦无大小相参者,唐宋人碑上行书,亦自匀整。③

赵绍祖认为《集字圣教序》碑中字形有大小不一的变化,是由笔势之变而产生,并非如后人所谈碑中字如算子形。冯班则列举王羲之《官奴帖》以及唐宋行书碑从章法的角度,阐释《集字圣教序》碑字无大小相参的现象并非集字弊端,在王字中亦有此现象。

对《集字圣教序》作为学王字的范本,持肯定态度的还有杨宾、毛凤枝等,毛凤枝将其作为学习行书的鼻祖。

余尝谓右军笔法尤可想见者,惟西安府学《宋拓圣教序》一碑。④

余尝谓学行书当以此碑为鼻祖,学草书当以智永《千文》为鼻祖焉。⑤

杨宾认为《集字圣教序》较好地保存了王羲之的笔法,是学习王羲之书法的重要碑刻,诠释了学习王字应以《集字圣教序》为范本。毛凤枝认为《集字圣教序》碑是学习行书绕不

---

① 王志沂:《关中汉唐存碑跋》之《三藏圣教序》,清道光四年刊本。
② 赵绍祖:《古墨斋金石跋》卷三《唐三藏圣教序述圣记并心经》,丛书集成初编本。
③ 冯班:《钝吟杂录》卷六,文渊阁四库全书本。
④ 杨宾:《铁函斋书跋》卷三《宋拓圣教序》,文学山房聚珍本。
⑤ 毛凤枝:《关中金石文字存逸考》卷一《三藏圣教序并心经》,光绪二十七年会稽顾氏刻本。

开的石刻，可谓"行书鼻祖"，此言或许略有夸张成分，但足以表达其对此碑的重视程度。

其三，《集字圣教序》清拓本不佳，时人所见碑中字多"略有形似"，此或许也是清人不将此碑作为学习王字范本的另一缘由。

> 时余初学《集字圣教序》，秋谷云："学此则终身无成。"盖惑于董华亭"落笔便思破庸庸之习，当以《集字圣教序》为戒"一语耳。此帖实字学之祖，余习之四五十年，苦无善本。癸卯复入都门，于王虚舟家获观初拓精模一本，益觉其神奇可怪。世人所见皆近来陕拓，芒铩全无，遂举新毫去颖书之，其与扣盘扪烛何异？正未知秋谷当时所见为何如也？志此以破俗论。①

蒋蘅在文献中提到"秋谷"为赵执信，号秋谷，清康熙年间人。赵执信对其学习《集字圣教序》颇有异议，或许是受董其昌的言语影响，认为此碑不可学。而蒋蘅认为《集字圣教序》是书家学习的典范，时人学此不精，应与拓本拙劣有关。时常见陕拓本，碑中字由于拓工轮日摹拓、碑石残泐，致使王羲之书迹中笔画之精微、锋芒全无，略存形似，这或许是赵执信认为"学此则终身无成"的又一原因。

以上，从三个角度探索学者对《集字圣教序》作为学习王字范本的观点，能够发现清人对此碑有足够的重视，在《集字圣教序》临习方面也有独特的见解。

> 《集字圣教序》字结体皆变板为活，然亦有过松飘处，不可学，当学其谨严处。②
>
> ……宋拓怀仁《集字圣教序》，锋芒俱全，看去反似嫩；今石剥落，锋芒俱无，看去反觉苍老。吾等临其字，须要锋尖写出，不可如今人止学其秃也。③

从梁巘文献可见，并不认为《集字圣教序》如他人所说"结体板滞"，反觉个别处结体存在松飘过度的问题，理应学习其严谨之处，同时从拓本的角度谈论新旧拓本风味各不相同，认为学习《集字圣教序》仍应注重其精微处，也反映出时人不得佳拓，只写《集字圣教序》之形。

> 曾在福建高镜庭署中观康熙间两书家所临《集字圣教序》，不但无一毫似《圣教序》，且各失其本来面目。尝闻右军临钟太傅《宣示帖》，大令临太傅《白骑帖》，欧阳信本临右军《东方朔画像赞》，米南宫临鲁公《争座位帖》、褚登

---

① 蒋蘅：《拙存堂题跋》之《圣教序》，宣统二年江浦陈氏刻房山山房丛书本。
② 梁巘：《承晋斋积闻录》，上海书画出版社，1984年。
③ 同②。

善《哀册》，赵松雪临登善《枯树赋》，虽露自己面目，不害其为可传，所谓即
一转故自佳者也。若转而不佳，临之徒增丑恶，弗临可也。[①]

    杨宾在文献中主要表达了个人于临写方面的见解。其所见时人《集字圣教序》临本，字
里行间已无圣教面貌，临写时多书写书家个人笔意，通过列举前人临写碑帖，表达临习古帖
可在基本保持原帖基础上增加个人书写风格，切不可失碑刻的原本面貌。

    梁巘和杨宾分别从勿学结体轻飘处、当学其笔画精微、实临的角度谈论《集字圣教序》
的临习见解，相信此类见解对当代书家学习《集字圣教序》碑仍有重要借鉴意义。

    清人临本，能够从侧面反映书家对《集字圣教序》的临写见解。在此列举查昇、王铎、
梁巘《集字圣教序》临本（图1），反映清人临习此碑的状态。

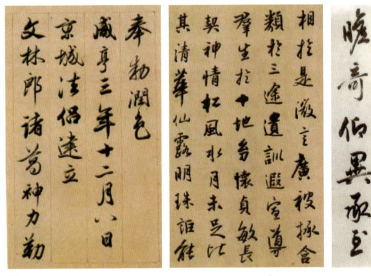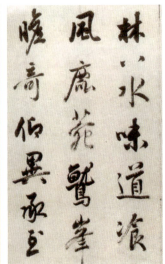

图1

    书家临本最为直观地展现了书家的书写状态，虽都以《集字圣教序》为临本，却展示了
个人书写风格，在作品中增加枯湿浓淡的墨色变化，增加了字与字之间的笔势关系，学者所
论《集字圣教序》字形如"算子形"、结构"无别构"的弊病在书家临本中并未体现。

    从文献角度看，虽学者对《集字圣教序》碑颇有微词，但大多书家、学者都将其作为学
习王字的范本。

## 三、由拓本推崇到刻本的普及看清人接受

    清代金石考据学的发展、书家学者的重视，使摹拓、学习《集字圣教序》成为风气，世
人皆购求其拓本，但近拓《集字圣教序》仅存其形，未断佳本不多见，一时佳拓重资难求。

---

① 杨宾：《大瓢偶笔》卷四《论圣教序》，清道光二十七年粤东粮道署刊本。

> 此碑极为斯世宝重，洞中诸匠人轮日摹拓，殆无虚晷，精彩无存，略有形似而已。①
>
> 明嘉靖地震，石断为二，近今所拓，略存形似而已。②

拓工轮日进行摹拓，间接反映出清人对此碑拓本需求之大，但《集字圣教序》毕竟刊刻时间久远，后经地震，其碑石残断，同时久经拓工捶拓，字口损坏严重，《集字圣教序》碑中字的艺术价值已大不如前，只是略存其形态而已。这或许也是傅山、赵执信认为《集字圣教序》不可学的缘由之一。

> 至有明宏正间，士大夫始复重此碑，购求一本，往往倾囊倒箧，以为难得，虽已断者，购之犹数十金。③
>
> 至近时乃大不然，视此帖不断本如瑰璧，收藏家学与不学俱购求一本以侈人，而秦中士夫为甚。④
>
> 怀仁集右军帖，骨气洞达，为百代楷模。今其未断本，价重连城，不可而得。⑤
>
> 余谓未断真本世不多见，见亦价等连城，非贫士所敢觊觎。⑥

文献中提及"倾囊倒箧""如瑰璧""价重连城""价等连城"等均可体现《集字圣教序》未断本之价值所在。喜好此碑且家境优越者毕竟在少数，确实如杨宾所说"非贫士所敢觊觎"，以其价值体现出时人对《集字圣教序》碑的喜爱与认可。

《集字圣教序》碑断于金末正大八年⑦，即南宋绍定四年（1231），碑石一断为二，断裂给拓本优劣带来一点影响。同时，由于《集字圣教序》碑残泐，文字损毁严重，清人"轮日摹拓"致使拓本不佳，因而出现藏家以《集字圣教序》佳拓为底本，翻刻《集字圣教序》的现象。

清人对《集字圣教序》翻刻本多有记载，其翻刻本较多，且刻本优劣不一，因卖者多裁开，称其为"条子圣教序"。部分翻刻本因其翻刻拓本与刻工俱佳，学者评价较高，有如"可以乱真""皆极工，可以乱真"等。在此，列举部分佳拓考述。

据文献记载：

> 翻刻致多，宋有寿光李氏本；明有秦藩朱敬镕课本；和庄孙氏本；黄六治北京东岳庙本，为刘若雨所镌；费铸甲本，有款在首行末；国朝有孟津王铎本；西安苟

---

① 林侗：《来斋金石刻考略》卷下《集王圣教序》，文渊阁四库全书本。
② 王志沂：《关中汉唐存碑跋》之《三藏圣教序》，清道光四年刊本。
③ 王澍：《竹云题跋》卷二《唐僧怀仁集王右军书圣教序》，文渊阁四库全书本。
④ 孙承泽：《庚子销夏记》卷六《僧怀仁圣教序》，文渊阁四库全书本。
⑤ 王弘撰：《砥斋题跋》之《吴北鱼藏圣教序跋》，涉闻梓旧本。
⑥ 杨宾：《铁函斋书跋》卷三《家藏旧拓僧怀仁集王右军书三藏圣教序》，文学山房聚珍本。
⑦ 路远：《〈集王圣教序〉断于金末考》，《书法丛刊》2006年第5期。

氏本；静海高氏本。此就镌刻精善者，略举所知，其他尚多，难以悉数。①

　　怀仁集王书《集字圣教序》，翻刻致多。余自初解学习碑帖，至今五十年来，所见所藏以数十计，优劣不一，总不系姓名、时地，使观者茫如对面，不相承认，大可浩叹。②

　　在欧阳辅、张廷济文献记载中，两人所见《集字圣教序》翻刻本致多，单所见所藏本竟以数十计，可见当时《集字圣教序》碑翻刻现象极盛。在购买《集字圣教序》拓本往往是"倾囊倒箧"的时代，大量翻刻本成为书家学习的范本，足见时人对《集字圣教序》重视程度。诸多翻刻本，优劣不一，其中亦不乏翻刻精善者。欧阳辅文献中提到所知镌刻精善者，有"黄六治北京东岳庙本"，今以清人杨宾《铁函斋书跋》记载，以此"镌刻精善"本为对象，对其翻刻时间、碑毁时间、杨宾所见拓本时间进行考证。

　　（北京东岳庙翻刻唐拓本圣教序）此刻乃崇祯辛巳中书黄六治出家藏唐拓本，属刘雨若刻于北京东岳庙，有王铎跋。癸未冬，始见拓本，求之不可得，盖碑毁已四年矣。甲申秋，忽于慈仁寺东廊得是本，带笔毫发不爽，而又骨肉停匀，与真本无别，余故跋而藏之。③

　　上述文献记载，北京东岳庙翻刻圣教序的底本为唐拓本，此唐拓本圣教序为中书黄六治所藏，在崇祯辛巳年间嘱托刘光旸（刘雨若）刊刻于北京东岳庙。崇祯为明思宗朱由检年号，辛巳年为明崇祯十四年（1641），可知北京东岳庙翻刻唐拓本圣教序的时间为1641年。

　　另在文献中记载"癸未冬，始见拓本"，那么杨宾所见拓本的"癸未"应在辛巳年刊刻之后，才可见到翻刻本的拓本，经查在明辛巳后最近的癸未年为明崇祯十六年（1643），然而笔者认为文献记载中的癸未年并非明崇祯十六年，应为清康熙四十二年（1703）。原因如下：其一，查证文献记载者杨宾的生卒年（1650—1720）为清顺治七年至康熙五十九年，在明崇祯十六年（1643），杨宾还未出生，故癸未年并非崇祯十六年。其二，在"癸未冬"之后还记载"碑毁已四年"，按癸未年为崇祯十六年，那么此碑的毁坏年代应为明崇祯十二年（1639），按此碑刊刻的时间为明崇祯十四年，与此相互矛盾，由此可见"癸未"并非明崇祯十六年（1643），应为清康熙四十二年（1703）。再由"碑毁已四年"来考察东岳庙翻刻的碑石毁坏的年代应为康熙三十八年（1699）抑或三十九年（1700）。记载中的"甲申秋"应为癸未年后一年的康熙四十三年（1704），杨宾在慈仁寺见到此翻刻本的拓本。

　　翻刻本的出现，《集字圣教序》拓本与翻刻本鉴定的关键字，在杨宾、梁巘文献中有所

① 欧阳辅：《集古求真》卷七《圣教序》，民国十二年开智书局影印手稿本。
② 张廷济：《清仪阁题跋》之《唐怀仁圣教序 黄六治翻本残叶》，清光绪间钱塘丁氏刻本。
③ 杨宾：《铁函斋书跋》卷三《北京东岳庙翻刻唐拓本圣教序》，文学山房聚珍本。

记载。

　　惟"佛道崇虚"，"道"字首二笔中断，边检复刻，皆绝无有，以此为定，百无一失。[①]

　　"佛道崇虚"，"道"字第二笔有黑星点隔断原拓，一直通下者翻刻也。"文林郎"，"文"字看似"父"字者为原拓，竟成"文"字者翻拓也。[②]

　　杨宾认为"道"字是鉴定翻刻和原碑的关键所在，梁巘则从"道"和"文"两个字谈翻刻本与原碑间的差别。谈及《集字圣教序》原碑中"道"字（图2），其第二笔"撇"的中间部分，笔画是断开的，究其原因应与原碑石质有关。但翻刻本中，"道"字第二笔中间部分并未断开。"文"字（图3）看似"父"字，但并不是"父"字，而在翻刻本中，此字刻为"文"字，此为鉴定是否为翻刻《集字圣教序》碑的重要依据。两位学者通过对原拓与翻刻本中单字细节对比，总结鉴定关键字，对后世甄别原拓与翻刻本具有重要的借鉴意义。

图2　　　　图3

## 四、结语

　　《集字圣教序》碑从唐代刊刻完成至清代亦有千年之久，其石损毁残渺，或因其系集字而成，在字形、章法方面存在局限性，故部分清代书家、学者对其轻鄙，而更多学者是将其作为研究学习的范本。上述，从《集字圣教序》集字来源的角度，学界对《集字圣教序》碑为怀仁集王羲之书迹而成进行论述研究；从学者对圣教碑章法、字的结构及清人临习见解角度，见清人将《集字圣教序》碑作为学习王羲之书迹的范本；清拓本不佳，时人以佳拓为底本翻刻《集字圣教序》碑，能够了解清人对《集字圣教序》碑拓本的需求；从未断佳拓重资难求的角度，也可见清代《集字圣教序》碑佳拓的价值所在。以不同角度了解怀仁《集字圣教序》碑无论在临习还是拓本研究方面均受到清人的广泛关注，直至今日，仍有众多临习研究者。

### 本文作者

董存建：青岛黄海学院艺术学院

袁琪冉：青岛黄海学院博物馆

① 杨宾：《铁函斋书跋》卷三《北京东岳庙翻刻唐拓本圣教序》，文学山房聚珍本。
② 梁巘：《承晋斋积闻录》，上海书画出版社，1984年。

# 书法新领域实践的探索发现

## ——王冬龄乱书的启示

涂雪芹

## 一、重构书法审美的视角

　　当代艺术家王冬龄先生进行跨文化、跨领域的书写实验，不断探索更有独创性的、让书法传统再生的新路径，显示了以书法革新应对当代艺术语境的前瞻意识，创造性地在字与字的微型空间内部关联上重新下功夫，即让字与字交错、重叠，打破二维空间的形式，终于在2014—2015年孕育出全新的书写形式，命名为

图4　晓风过　纸本水墨

"乱书"。沈语冰认为："王冬龄从'书'（传统草书）开始，经历了'非书'（'书非书'系列）的否定，再次回到'书'（乱书）的否定之否定。"①（图4）

　　审美通俗的概括就是辨别事与物的美。在不同的时代、文化背景下，又有不同层次差异性的偏好。现如今信息科技的高速发展，手书汉字也渐渐被电子书替代，所带来的影响不仅在书法的传播媒介及表现形式上都有着直接反映，对审美层次上也产生了不同的效果。

　　感官的维度在一定程度上直接作用于外界对象，国外学生在学习中国汉字的过程中，因其对汉字的陌生，在认知层面与自身的思维无法兼容时，欣赏者只对书写的汉字线条及书写者的情绪频率有共鸣，通过艺术的相通性、美学上的共同性来欣赏，西方人可从音乐及空间布局的角度来欣赏书法艺术表现。

---

① 沈语冰：《王冬龄的乱书》，《诗书画》2017年第1期。

金学智《线条与旋律》中有记："是充满着音乐般的时间性和流动感的。它确实是一种旋律，一种无声的旋律，一种有形的旋律，一种终于凝固在空间的旋律。而这种旋律性的线条，又和人的主观世界休戚相关。"而中国书法，亦是时间和空间艺术，因此会很自然地趋向音乐，传达书者的丰富情感。对比图5、图6的视觉感觉，形式与内容的不一样，在不以内容为关注焦点时，会被作品的形式所吸引，一种陌生、新奇的物象被视觉捕捉到。在五种书体中尤其是草书书体中，通过线条留下的痕迹表现出时间在空间的推移。图7中书法作品的反面视觉，其实就是书法的另一个视角，这种反视效果可以从王冬龄先生的乱书作品中找到一些类似的表现语言，反映出一种纯粹地对抽象视觉效果的创作。

图5 禅宗七经（局部） 聚酯薄膜 丙烯 2015

图6 王冬龄草书和楷书作品（正面）　　图7 王冬龄草书和楷书作品（反面）

## 二、反书的视觉角度转化

通过不同的书写环境，以及使用不同的材质，比如亚克力板透明材质为载体，通过现场的书写传达出情感，创作出不一样的视觉感官。在书法现场表现中突破了传统书法的字形、字义和语意的束缚，构成了西方抽象绘画艺术的主要范式。

对于现代书法的特质，王冬龄是这样认识的："现代书法不仅因为形式转换为现代风格，最重要的是在精神本质和作者创作观念上的检验。"①如图8所呈现的书法表演，王冬龄先生没有采用传统的墨与纸而采用了颜料及不同书写材质，从镜头的反面可以看到与众不同的视角，在另外一个维度带给观众不一样的身

图8　王冬龄先生现场书法表演

心体验，一种审美上的asthetisch（审美的），在古希腊语里就是"感性学"，包括情绪、感觉、情感在内的意思。

有一个德国人，认为人类的知觉构成了一个知觉力场，并形成一个格式塔。美国的格式塔心理学家阿恩海姆认为这个力场的概念，它既是一个生理力场，同时又是心理力场。在阿恩海姆的《艺术与视知觉》书中有提及视觉，通过视觉在大脑里面可以引起一种打破平衡的效应，那么一旦引起这种效应，人的知觉就建立了一个力的基本结构模式，你用一种基本结构模式来平衡对象对你的一种刺激，一旦达到这种平衡就产生了美感。②

那么为什么会产生这种美感呢？就是在由发出频率的对象和你的知觉之间建立了一种同构性，也是在文中之前有提到的熟悉迁移，也就是一种联想力，至于发生什么联想，每个独立的个体都有所不同，没有限制。艺术中美的产生之所以那么感动人，也就是建立在一种新奇、未知、个性元素中。在书写过程中留下的痕迹线，在英语中"abstract"作为名词时的意思是抽象概念，分析下这个单词的词根前缀abs-，离开，来自拉丁介词ad；后缀-tract，拉、拖，词源同"attract"，吸引，即拉开，引申词义，摘要、抽象的。观众被描绘的线条路径所牵引，带着这种探索好奇的磁场，指导着视觉找寻对象最终形成的物象，感受这种打破平衡的效应过程发生。

## 三、书法造型的层次

孙过庭《书谱》有云"一点成一字之规，一字乃终篇之准"，谈到书法中字体的点画，是书法从无到有，从点到线，从线的方圆，形成用笔法则；篆籀绞转、一拓直下、方折铺毫，又生发万千变化。就如《道德经》中说的"道生一，一生二，二生三，三生万物"。说

① 宗绪升：《老绪访谈第108位博士展楷之》，《青少年书法报》2016年1月1日第16期。
② 邓晓芒：《西方美学史讲演录》，商务印书馆，2021年，第366页。

到布白，决不能平均分布，状如算子。

从书法造型的笔画长短、粗细、屈伸、中侧到整个布局空间构思，处处体现与哲学密切联系，正如唐楷之老师所说：中国书法的源头，相传伏羲所画的卦，既是形象，又是抽象；既是哲学，又是书法。

我们在对书法进行创作的过程中，在构图上基本还是处于模仿传统的概念或者形式阶段，也就是说在当前书法的构图中仍然缺乏一些新鲜元素的注入。书法中的构图学作为书法美学中的重要组成部分，又是建立在以汉字为对象的表达，而王冬龄先生的抽象画式的书写实验，在线的自由流动与交叠中，以最大限度打破书法固定的、约定俗成的书写规则，人们所能看到的不再是草书汉字，而是由点、画或墨线形成的水墨淋漓的视觉效果，以抽象的形式表达个人情感。其从根本上改变了书法的可读性，笔墨所形成的点与线成了欣赏主体，用书法的形式来表现抽象性，英国艺术史学家赫伯特·里德（Herbert Read）在他的《现代绘画简史》中认为抽象表现主义的崛起直接受到中国书法因素的启示。

艺术创作的高追求就是对作品的神韵体现，怎么传达情感、表达意境，物外之象，审视内心的心境处于哪一阶段，看山是山，看山不是山，看山还是山的审美层次。

王冬龄先生在学术探索中的思考与实践也经历了这三种层次的阶梯演进，在学书成长中的导师教诲，以及自身一直秉持对书法传统的勤学苦练，不仅仅是传统书法家每天早晨的临书，现代书法家必须像西方艺术家那样，长时间地在工作室中思考、探索、创作、再思考、再创作，循环不已。①有了这样的立足点，才有可能产生震撼人心的现代艺术作品。而在评论王冬龄先生的"乱书"创作时，有观者对乱书的表达形式，做出了不客观的评论，有人说是心理的一种绘画、背离传统的非书法创作等。

当今中国日益强大，跨文化交流的平台组织也日益完善，传播书法的使命无疑是交给书法家及爱好者的艰巨任务，思考现代书法的走向，思考现代书法与传统书法的关联性、现代书法的当代文化价值及文化传播媒介。留给书法一个开放式的良性发展生态系统，随着人们的心境层次推移，会有更多以传统为基、敢于创新的书法有志新人，为书法带来新的创作及理论研究。

## 四、书法在美术中的共性

随着时代的进步，科学技术的发展，人们对书法的审美观念发生了翻天覆地的改变。在当代，书法的发展也逐渐在变化，中国是一个历史悠久的文明大国，其传承下来的传统艺术更具有不同于其他国家的魅力之处。如果我们用欣赏中国画的构成元素进行研究，就不难发现，书法与美术之间是存在着共同形式语言的。在书法作品中，黑为有，白为无，有无相

---

① 王冬龄：《王冬龄创作手记（修订版）》，中国人民大学出版社，2011年，第335页。

生，虚实相成。对于绘画的审美来说，空白的运用称为"计白当黑"。中国画尤其讲究意境，中国绘画中表现意境的特殊方式是可以于象外"写"之，而观者亦可以于象外"得"之。

　　通过观赏王冬龄先生现场创作的作品，可以发现在其作品中不乏巧设布白之作。图9所示，左边大量的布白留于此，可避免章法太满，为气息的流动提供空间。图10所示，满纸烟云，结体已经萦绕牵连，让作品在视觉上增加了一个视觉维度，有三维透视的错觉，一种延伸感，气韵的流动，再辅以作品中两处小面积的布白，为正文的茂密留下气眼，作品的明暗交错中感受到一线光，印象派画家马奈说过："一张画的主角是光。"可见在艺术作品表达上，西方的绘画把画面中的光色看成作品的生命力的象征，没了光色，效果也便成了无本之木。因此，西洋画家很主观地在画面上叠加丰富的颜色，表现西洋画家的思想情感。

　　　图9　梅雨江南　纸本水墨　2011

　　　图10　滚滚长江东逝水　纸本水墨　2020

　　黑与白在作品中的空间安排，反映了书法中的空白不仅是表达技巧中的有机组成部分，也是绘画中必不可少的元素，而且会产生观者的丰富联想，如南宋山水画大家马远的《寒江独钓图》，画面上只有一叶小舟，一枝寒梅，一个渔翁独自拿着渔竿在垂钓，画面四周除了几笔简略的微波，其余几乎留白，而且整个船体占了画面不到二分之一的位置，却用富有空灵般的意境表达了江面上这种空旷渺茫、冷清萧条的氛围，这些留白的空间，表面上是"空"的、"虚"的，实际上是"虚"中有"实"，明代徐渭曾称赞其画作"苍洁旷回，令人舍形而悦影"。清初弘仁、石涛、八大山人，乃至近现代的齐白石、潘天寿等都善于充分利用画面空间布白来营造意境。

从以上这些历代名家对作品中黑与白的认识与实践中可以看出，我们应该在自身创作艺术作品时注重书法的实即黑、虚即白的作用，书法的虚实空间存在多种可能性，布白的面积就是书法虚实空间给视觉最直观的表现形态。布白位置的运用可调节作品的疏密关系与气息流动，对空白的妙用，才会取得令人陶醉的艺术感染力，为丰富和发展中华民族的美学传统贡献自己的一份力量。

## 五、结语

抽象主义绘画与传统笔墨的碰撞整合，在王冬龄先生乱书创作的背后，看到的是艺术家在新时代下的义务与责任，特别是在东西方文化不断撞击和交流的今天，开辟新的领域，建立新的知识结构以及加强形式上的探索，都是势在必行的事情。

面对新事物非理性的、消极的、片面的予以否定的态度，这反而会把创新的幼苗扼杀在摇篮之中，应该给予创作者及广大群众接受和认可的时间，笔者对王冬龄先生为书法积极探索和赤诚之心是期待和为之动容的。他肩负传统，面对世界的艺术观众思考书法的国际文化"语言"。书法作为中国的一个最传统的艺术，它也必须有所发展，有所前进。让书法可以延伸到更多的领域，让更多的人从中享受它，这就是当代书法给当今带来的一个重要意义。

**本文作者**

涂雪芹：长沙英才实验学校

# 当代书法教育多元化格局

罗白东

对于当代书法而言，随着书法学科建设的发展，当代书法教育板块作为一个非常重要的组成部分；由于当代特定的历史情境，当代书法教育发展呈现出历史上任何时期都未曾出现过的发展态势，当代书法教育已不再是单一书法教育模式，呈现出了空前多元化发展格局的特点。在笔者看来，当代书法教育多元化发展主要集中在以下几个方面：一是书法教育群体多元化。二是书法教育层次多元化。三是书法教育学科内涵多元化。四是书法教育目的多元化。本文将从这四个方面对当代书法教育的多元化发展格局进行梳理。

## 一、书法教育群体多元化

书法发展至今，出现了自古以来从未有过的"书法热"现象，而对于当代书法的"书法热"现象，所赋予的理想状态便是借助"书法热"的学习思潮，实现中国传统书法文化的复兴，达到书法文化的繁荣昌盛。在"书法热"传统文化复兴浪潮之下，背后势必有无数的书法群体在为之努力和奋斗。因此这背后潜藏着其他传统艺术门类无可比拟的书法群体，而这也正是当代书法教育群体多元化的一个重要原因。在古代，书法实用功能未退出历史舞台，书法艺术也只是作为少数精英人士雅玩的消遣方式，这一时期的书法教育的群体主要有两类：一是为了仕途科考学习功用的书法学习者。二是以此为业的书法抄写者或是刻手工匠。

而书法发展至当代，中国古代书法传统文化的文化环境、历史情境已经发生了历史巨变。一是毛笔书法实用功能基本退出历史舞台，书法基本成了纯艺术形式存在；二是当代的文化精神需求已然不是古人书斋式的赏玩消遣书法，尤其是自20世纪书法专业学科建设的发展以及中国书法家协会的成立，大大地促进了书法的大复兴、大繁荣，促成了当下的"书法热"。也就是说，当代的特定历史情境注定了它不一样的书法教育群体。那么当代书法教育的群体又是怎么样的呢？它呈现出什么样的特点？下面我将对其进行论述。

20世纪开始，西方的学科思想、学术体系被引进中国，中国书法现代意义上的专业学科建设也是从这一时期开始起步，至此，中国书法教育便开启了传统书法教育模式与现代学科教育相并行的发展时期。从某种意义上说，这也是造成当代书法教育群体分为学院学习群体和社会学习群体的重要原因之一。而现代意义上的中国书法专业教育，要到1963年中国美术学院创办的中国画系书法篆刻专业才算开始，于2001年该专业才独立成系。也正因为这一时期，书法专业逐渐进入人们的视野，虽然因"文革"被中断，但在改革开放后的春天，文艺思潮的涌入，在这样的背景下，1982年国家开始设置硕士点，中国美术学院、中央美术学院、南京艺术学院都成为首批美术学硕士点高校，书法专业研究生也在招生之列。20世纪80年代后期至90年代初期，开始招收本科、大专的书法专业。1993年首都师范大学以教育学书法教育方向成功申请了国内第一个书法专业博士点，开启书法专业研究生教育新起点。[1]这就是当代学院式书法教育的重要基地。

在与此差不多时间，即1981年5月，中国书法家协会宣布正式成立，这是一个集艺术创作、学术研究、书法教育、对外交流和组织管理等方面立志发展中国书法的国家级的社团组织，引领了社会书法学习交流的发展，尤其是由中国书法家协会组织的一系列全国性书法展览、书法教育高研班、书法研讨会的成功举办，大大促进了当代"书法热"的发展，这构成了当代书法群体的另一部分书法社会教育学习群体，而这两大群体没有严格意义的界限，共同构成当代书法教育的两大主要群体。除了这两大群体，又在两大群体周围滋生了多元群体，比如在中国书法家协会引领下的一系列地市级书法社团组织的大部分参与者，社会"国展"培训班的学习者等；又有除了高等院校书法专业教育，各阶段的学习者，比如小学、中学的书法教育；另外，还有社会上各类少年宫、老年大学成人教育、各类书法培训班的学习者和参与者，共同构成了当代中国书法教育的多元化群体。而当中国书法经历了20世纪80年代的全面复兴，经历了书法教育的"书法热"之后，21世纪当代书法教育群体发展得更为多元化、系统化。过去三十多年的书法史，可以说是当代中国书法教育发展的一个缩影，从书法专业学科建设到书法组织管理体制建设的完善，再到各类展览机制的规范化，以及各种教育培训模式的加入，这都为21世纪的当代书法教育的变化和变革赋予了多元性的发展倾向和前景，从而形成当代书法教育群体的多元化特征。

## 二、书法教育层次多元化

上文我们谈到当代书法教育群体的多元化，而在论述群体多元化之时提到两个主要的当代书法教育群体，形成这两大书法教育群体的根源在于当代书法教育的层次多元化。这种多

---

[1] 黄惇：《高等院校书法教育的历史担负》，载中国书法家协会编：《首届全国高等书法教育论坛论文集》，华文出版社，2016年。

元化的书法教育层次，一是不仅仅包括以学院式为主的涵盖专、本、硕、博的高等书法教育形式，还包括有小、初、高阶段的书法教育形式；二是以中国书法家协会为主导的以及各级书法社团组织，社会法人所开办的社会性书法教育培训形式。社会性书法教育培训形式又可以细分：参加全国展的国展冲刺班，各类书法进修班、高研班，针对中小学的青少年书法培训机构或少年宫，书法成人教育班或老年大学书法班，还有古代私塾式书院的书法国学班等。

当代书法教育层次的多元化为传统书法文化复兴注入了强大的力量，而在这多元化的教育层次中，以高等书法教育为代表的学院式教育层次和以中国书法家协会为代表的社会性教育层次，在这场"书法热"的大潮流里发挥着举足轻重的作用。在这两大书法教育构架下，多元化的教育层次之间既没有绝对的界限，也不是非此即彼的关系。在多元化的教育层次中各有优长，无孰优孰劣之分，更多的是互相补充借鉴。就比如近些年来，数十万的中国高等院校学院式教育培养出来的书法人，走向社会，很大一部分作为社会性教育层次的主要力量，选择开工作室，或者成为各大社会书法培训班的组织者和参与者；同样对于社会层次的书法教育也显示出了它的优越性，不仅仅改变了以往精英式的受众群体，更是为中国各阶层创造了书法学习的良好机遇，虽然从某种程度上说这种教育形式的改变可能导致"书法热"背后隐藏的问题，即书法大众化。但不可否认，从某种意义上说，这不愧为一个很好的现象，说明当代书法的群众基础好，而且非常盛行，中国传统书法文化已在大步复兴的路上了，书法的未来充满希望。然而我们面对这样的繁荣景象，不得不警惕是书法的门槛太低，还是书法教育、书法事业的虚假繁荣。以国家级的展览为例，参加的人数可谓各大艺术门类国家级比赛之最，少则两三万人参加，多则五六万人挤破头也要展示一下自己所谓的得意书法。我不敢相信在这样一个国家级的比赛中有六万人之多达到了国家级的顶尖水平，要真是这样，那书法的未来还真是可期的，然而事实却并非如此！所以面对这样的问题和现象，我们不得不思考，对于当代书法教育的层次发展来说，为当代书法教育普及工作做出了巨大贡献的同时，所带来的问题也不可小觑。所以对于当代书法教育层次多元化的发展形态来说，各类书法教育层次应该秉承自我教育形式的优势，吸收其他教育层次的长处和成果，相互借鉴，这样当代的书法教育或许更可期待！

## 三、书法教育学科内涵多元化

可以说，当代中国书法发展的复兴和繁荣，离不开以学院式教育层次的高等书法教育及其师资力量的壮大，这一层次的书法教育丝毫不逊于社会式教育层次。比如社会的国家政策，各级各类书法家协会展览、市场等因素。也就是说，以中国高等书法教育学院式培养出来的各类书法人，构成了当代中国书法的中坚力量。

就目前中国高等书法教育而言，虽然经历了三十多年的书法学科建设，但在当下中国高等书法教育学科内涵也呈现出多元化的现象。这首先是由书法作为中国传统艺术的独特性所决定的，中国传统的书法离不开经、史、子、集，离不开文、史、哲，所以便造成了当代书法教育的学科内涵有所不同，专业定位上也有所不同。因此当代中国高等院校开设书法专业所确立的专业学科定位、培养方案、教学方法、就业发展策略等各方面都会有所不同，呈现出当代书法教育学科内涵多元化的现象。当代书法理论家徐智本先生在《当代中国高等书法教育内涵式发展策略探析》一文中，曾把当代书法教育的学科现状和格局用两个"体系"、两个"层次"、两种"模式"这样的三个维度，对当代高等书法教育作全面的认识和考量。他指出的两个"体系"："一是'艺术书法'体系，二是'文化书法'体系。'艺术书法'体系侧重将书法定位为'艺术'，将书法视为一种视觉、造型艺术，在本科和研究生课程中注重技法训练和实践创作。这个体系以中国美术学院、中央美术学院、南京艺术学院、中国艺术研究院等综合性艺术类高校和专业的美术学院为代表，得益于艺术高校整体的浓厚的艺术创作氛围、深厚的实践传统，教师和学生在实践创作上非常重视，用力最深，成绩也高，与其他综合院校的书法专业学生相比，其创作水平明显占据优势。'文化书法'体系侧重将书法定位为'文化'，书法是一种传统优秀文化，把书法作为一种文化现象，对学生进行综合文化培养。这个体系以首都师范大学与北京师范大学等师范类、综合性高校为代表，始终把文化素养的提高作为最重要的教学部分。"[1]这就是当代书法教育学科的两大体系，一为"艺术书法"体系，二为"文化书法"体系。另外，他还指出"不管是专业美术院校、综合性艺术类高校还是综合性高校，学生培养本科阶段肯定以实践为主，而到了硕士尤其是博士阶段肯定就要以研究为主"[2]。这是当代高等书法教育中的两大层次，一是以当代高校中专、本科阶段的书法实践为主的书法教育层次，二是书法硕士、博士阶段以培养研究性高级人才为主的书法教育层次。除此之外，他又指出"需要与两个'体系'、两个'层次'做对比的是两种学位与培养'模式'，即学术型和专业学位两类硕士研究生学位与培养模式"[3]。这是当代书法教育的两种模式，两种不同的培养模式，是国家为优化书法研究生教育结构和布局而做出的重大调整。以上便是徐智本先生关于我国当代高等书法教育学科格局的论述，会发现，或许正因为中国当代高等书法教育学科内涵的多元化发展格局，造成了当代书法教育群体的多元化，以及当代书法教育层次的多元化。

当代书法教育学科内涵的多元化对当代书法学术研究和创新以及研究方法视野有着至关重要的作用，当代书法教育学科内涵跨越多学科进行多元化配置，横跨艺术学、历史学、考古学、文学、哲学、社会学、教育学等各大学科门类，这样的书法教育学科内涵为吸取和借鉴其他人文社会学科学术研究方法视野创造了有利条件，同样也开启了当代书法教育跨出学

①徐智本：《当代中国高等书法教育内涵式发展策略探析》，《艺术百家》2018年第34（02）期，第217-222页。
②同①。
③同①。

科边界，走向交叉性的学科内涵。从某种意义上说，这打破了以往既定的传统单一学科发展的束缚。当代书法教育通过学科交叉的理论研究互动，可以扩宽新的视阈，发现新的问题，为当代书法教育的新发展路径提供可能。回顾20世纪90年代中国书法理论研究取得非凡的成绩，离不开当时兴起的美学、考古学思潮的影响。为此，当代书法教育学科内涵多元化发展是中国特定历史情境的选择，也是书法学科建设未来发展的方向。

## 四、书法教育目的多元化

"百年大计，教育为本"，然而关于教育最终指向何处？目的何在？这才是关键。国家教育方针政策曾这样表述过："我国教育的目的强调培养德、智、体、美等方面和谐发展的社会主义建设者和接班人。"[①]同样对于当代书法教育而言，书法教育的真正目的是什么？是知识性的书法学习，还是文化的传承？又或是书写技能的规范，还是书法美育和德育让人成为人的教育呢？面对这些问题，我们是否思考过，在当代书法教育的大浪潮、大格局之下，我们的书法教育到底指向何方？生活在这么一个特定的时代，必定会有不同的目的。也就是说，在这个特殊而多元化的历史情境里，我们的书法教育目的是多元化的，有着各种各样的目的，它已经不同于中国古代传统书法教育的目的。那么，当代书法教育的目的到底是什么样的呢？下边我将对其进行重点论述。

在当代书法教育的大浪潮中，存在着多元化的教育群体以及多元化的教育层次和多元化的教育学科格局，各个群体，各个层次，各个学科，它们都有着各自的书法教育目的，下边我将其大致分为五类：知识型的书法教育、文化传承型的书法教育、规范型的书法教育、以审美为主的书法教育、德育型的书法教育。

第一类知识型的书法教育主要集中于各层次的小学、中学、高中、大学等阶段的学校知识性学习课堂当中，另外还有一些针对考试的辅导培训班当中。

第二类文化传承型的书法教育主要集中于各类少年宫、博物馆、艺术馆、文化馆的学习，还有一些传统式书院当中，这一类型的书法教育目的是传承和弘扬中华传统书法文化。

第三类规范型的书法教育所包括的范围最广，这一类我们也可以称为写字教育，只要汉字的书写与运用还没有退出舞台，规范化的书写学习必不可少。这一类型的群体的目的是将字写规范，写得美观，所以除了现在各阶段学校层次的书法规范教育之外，还有社会上各类书法培训班也参与规范字的教学。

第四类以审美为主的书法教育相对于其他类型显然要少得多，这也是为什么国家花大力气提倡美育的原因。以书法审美为教育目的主要集中在艺术院校或其他书法专业院校，在国家提倡书法美育的号召之下，现在各级、各层次的书法教育也在陆续提出书法审美的问题，

---

① 全国十二所重点示范大学联合编写：《教育学基础》，教育科学出版社，2014年，第65-98页。

书法美育的问题，或许这也是书法艺术本来该有的样子。

第五类德育型的书法教育，它和以审美为主的书法教育是相类似的，都是中国书法学习的重要的部分。《旧唐书·柳公权传》记录了柳公权曾言："用笔在心，心正则笔正。"①这个心就是我们的道德人格，如果人品不高，则落墨无法。正如清代刘熙载在《艺概·书概》里所说的那样："书者，如也。如其学，如其才，如其志，总之曰：如其人而已。"②刘熙载这里所说的书正是我们一个人学、才、志各方面德行的展现，字如其人，书法即是一个人生命活动的显露。所以，以书来正身作为道德评判标准，一直是中国古代书法人格最重要的品评标准，因此在当代的书法教育中以书育德、以德育书也一直沿袭着传统书法的德育精神，这种精神的传承主要集中在传统文化学习的书院式教育当中。在笔者看来，在当代中国教育大力提倡德育的大背景下，书法德育作为德育教育中重要的组成部分，必将发挥中国传统书法"正心""修身""养格"的德育精神作用。

所以，在当代书法教育的历史情境中，各群、各级、各类书法教育的参与者和接受者都在以自身学术资源、地域资源、历史文化特点，去构建起符合自己所需的多元化的个性化书法教育体系，也正因为如此，当代中国书法教育的整体格局才呈现出多元化发展。

## 五、结论

综上所述，当代中国书法教育的现状和格局的最大特点便是呈现多元化发展，从书法教育群体的多元化到书法教育层次的多元化，再到书法教育学科的多元化以及书法教育目的的多元化。或许，对于当代书法教育的多元化发展不仅限于以上这些特点，尤其是处在现代科技信息高速发展的今天，在当代特有的历史情境之下，当代书法教育教学也和当代信息网络技术的发展紧密相连，在书法教学中突破传统的教学方式，充分利用当代各种新媒体技术来进行书法的"教"与"学"，这足以显示出与时俱进的时代感，例如在书法的教学中运用新型电子科技辅助书法教学，完全以更具现代性的多元化教育思想和教学观念进行教学。在这一现代化的书法教育开展过程中，越来越多的现代书法教学硬件设备加入进来，例如电脑、相机、投影仪、大型扫描仪和复印机，还有专门为现代书法定制的书法拷贝箱、书法智慧教室、书法临摹桌、书写同步投影设备等一系列教学硬件设备，而除了这些还有新媒体直播软件、资料共享平台，打破书法教学地域、时空的限制，实现了书法教育资源的共享和充分利用，同时也给书法教学带来新的学习体验和效果，这无疑是当代书法教育多元化发展的又一特征，而这一切正是构筑起当代中国书法教育多元化发展格局的重要支撑。当我们对当代书法教育多元化发展的格局作出全面的认识和考量之后，这将作为探讨当下中国书法教育整体

---

① 刘昫等撰：《旧唐书·柳公权传》卷一六五，第十三册，中华书局，1975年，第4310—4311页。
② 刘熙载：《艺概》，载上海书画出版社、华东师范大学古籍整理研究室选编校点：《历代书法论文选》，上海书画出版社，2014年，第715页。

格局的宏观发展策略和认识的基础。另外，在某种程度上这对当代书法教育在学科定位与学术研究方法上都能够对当代中国书法教育格局有一个精准的把握，同时在此基础上发挥当代中国书法教育多元化特点，各群、各级、各类书法教育的参与者之间进行互通有无，取长补短，相互借鉴，尤其是高等书法教育的研究成果应该多加以运用和指导实践，发挥当代书法教育多元化的优势，吸收借鉴相关人文社会学科的研究方法和视野，跨越学科边界，进而走向更加多元化的学科交叉研究。除此之外，对当代书法教育的发展，各群、各级、各类书法教育的参与者们立足于当下多元化环境，构筑起具有自我特性的书法教育体系。在这样的体系之下，兼顾自我学术资源、本地地域资源、历史文化等，实现更加优质的书法教育多元化发展，避免出现同质化和重复建设、资源浪费等现象，最终形成当代中国书法教育多元化格局的特色发展。

**本文作者**

罗白东：云南师范大学美术学院

# 王澍论书法的自然美

兰辉耀

## 一、弁言

　　王澍（1668—1743），字若林，另作若霖、蒻林，又字灵舟，号虚舟，别号竹云，江苏金坛人。为康熙壬辰进士，官主吏部员外郎，主要活动于康熙、雍正年间，晚年进入乾隆时代。积学工文，尤以书法闻名。书学著述有《论书剩语》《翰墨指南》《竹云题跋》《虚舟题跋》《虚舟题跋补原》等。虽有学者说王澍的书法主学文徵明，但王澍生于董其昌书法极盛之时，其书法实践及其书学思想不能不受到董其昌的熏陶。无论观其书法，抑或读其书论，或继承或批判，或取或舍，都能看到董其昌的影子。当然，王澍学习古人书法极其广泛，几乎临遍古人各名家，自称"余于书中，学之五十余年矣，自晋以迄元、明，诸名人妙迹，临摹殆遍"[1]。王澍的书学思想，同样大量吸收或批判历代古人的观点，并提出自己的见解，他关于书法的自然美学思想，就是对前人观点的总结和阐发。王澍主要基于"渐近自然"之美的根源、"风会自然"之美的意蕴、"进乎自然"之美的路径等三个有机联动的层面，诠释其关于书法自然美的美学思想。

---

[1] 王澍：《翰墨指南》，载崔尔平选编点校：《明清书论集》，上海辞书出版社，2011年，第785页。

## 二、"渐近自然"之美的根源

　　语言文字源于对自然的模仿，书法作为语言文字的视觉形式，同样源于模仿自然。西方学者说："语言来源于对声音的模仿，艺术则来源于对周围世界的模仿。"[①] 但中国的语言文字不同于西方，由拼音字母所组成的语言文字，西方文字起源于对自然声音的关注，中国文字则起源于对自然物象的观察。当然，书法源于模仿，也终于模仿，走向几近独立的发展道路，只留下抽象的象形意味。因为，完全写实的象形方式是书法家所排斥的，如战国时代的鸟兽书，增添了很强的写实的装饰性花纹，但它终究无法成为书法的正统和常态。只有脱离完全象形的约束，书法才具有自身地位的独立性和无限发展的可能性。事实也是如此，脱离象形之后，书法才有了发展。但不容忽视的事实是，中国文字、书法的确源于对自然的"摹写"。

　　东汉许慎在《说文解字序》中说："文字是古人观察天地，观察鸟兽足迹，依类象形而摹写的结果。"古人庖牺氏，仰观天象，俯察地理，近取诸身，远取诸物，创造八卦，然后才有文字的创造。仓颉初始作书，"依类象形"，所以叫"文"；之后"形声相益"，故称为"字"。文是"物象之本"，字是在文的基础上创造出来的。许慎所说的"书者如也"，精准地道出了书写的象形性特征。当然，"书者如也"并不意味着文字和自然物完全相像，不是肤浅地模仿自然，而是在受到"鸟兽蹄远之迹"的启示下，感悟不同的线条，以区分不同的事物，表示不同的含义，而后选用点、画、线的形式组成文字。实效法自然文理，借以创造文字。

　　虽然许慎用"书者如也"界说文字和自然的关系，但书法和自然的关系，同样如此。书法作为文字的书写，随着书法自身的发展，很自然地承续了文字的创造原理。书法同样不是简单地对自然的模仿，而是高度地概括、反映自然物象的形态构成及其运动变化的原理。书法的构成法则，应当呼应于自然万象的构成法则，即从自然万象的构成法则中得到启示，用于书法的创作，以体现自然之美。东汉蔡邕在许慎文字起源说的基础上，顺理成章地提出了"书肇于自然"的观点，明确指出书法源于自然。这是书法崇尚自然美的根源，随后在中国书法史上形成了追求自然美的永恒传统。

　　古人常将用笔比喻为"折钗股""屋漏痕""锥画沙""印印泥""壁坼"等。这些著名的物喻笔法，均是源于"书肇于自然"的书法创造观念，源于古人在生活中对自然物象的观察所得，其所关注的和欲求的，正体现了自然之美。对于古人所提出的"古钗脚""屋漏痕""百岁古藤"等用笔方法及其艺术效果的物象比喻，王澍洞若观火、独抒己见地指出："'古钗脚'不如'屋漏痕'，'屋漏痕'不如'百岁古藤'，以其渐近自然。颜鲁公'古钗脚''屋漏痕'只是自然。董文敏谓是藏锋，门外汉语。"[②] 王澍用"自然"范畴道出了

① 恩斯特·卡西尔：《人论》，甘阳译，上海译文出版社，2013年，第235页。
② 王澍：《论书剩语》，载崔尔平选编点校：《明清书论集》，上海辞书出版社，2011年，第761页。

古人物象比喻的真谛，并对董其昌释之为藏锋的话，看作是"门外汉语"，表示否定，因为在王澍看来，"书法单重藏锋亦非正法，必当藏而藏，当露而露，自然入妙也。"① 是否藏锋，完全依顺自然而定，才能真正自然入妙。依王澍之见，"古钗脚"不如"屋漏痕"，"屋漏痕"不如"百岁古藤"，就是因为后者相较于前者更加"渐近自然"，更能体现自然物象的自然美。易言之，王澍的书法自然美学思想，源于"书肇于自然"的创造观念，实源于中国古人向来主张天人合一的传统文化。

## 三、"风会自然"之美的意蕴

王澍主张书法的审美应当回归自然，即"风会自然"，获得自然的古意，呈现自然的美，但它是书家所不能自主的美学追求，是书家在创作中自然生发的审美效果。当然，"风会自然"并不意味着胡乱涂抹，并不意味着不合古人法度。王澍明确阐述了"风会自然"的美学内涵，既需要富含古风遗意，合乎古法，也需要呈现天机，自然而然。具体可从以下几个层面加以阐释：

（一）"天真烂然，自合矩度"

王澍认为"天真烂然，自合矩度"是书法自然美应具有的重要美学内涵，肯定"天真烂然"的同时，必须自然合乎规矩法度。尤其"古人稿书最佳"，最能表现自然美的这一内涵，王澍曾多次提道：

> 古人稿书最佳，以其意不在书，天机自动，往往多入神解。如右军《兰亭序》，鲁公"三稿"，天真烂然，莫可名貌，有意为之，多不能至。正如李将军射石没羽，次日试之，便不能及，此有天然，未可以智力取已。②
>
> 鲁公《论坐书稿》，……东坡称其"信手自然，动有姿态，比公他书尤为奇特"。山谷亦云"奇伟秀拔，奄有魏、晋、隋、唐以来风流气骨"。米元章云："《争座位帖》为颜书第一，字相连属，诡异飞动，得于意外。"盖由当时义愤勃发，意不在书，故"天真烂然，自合矩度"。③

"古人稿书"由于"意不在书"，不刻意、不造作、不安排，而是"信手自然"地书写，其所呈现出来的美学样态，既"天真烂然"，又"自合矩度"。这是人为刻意的智巧努力所不能达到的美学境界，但它受到特定情境和强烈情感的影响，有其明显的天然性和不可复制性。

---

① 王澍：《翰墨指南》，载崔尔平选编点校：《明清书论集》，上海辞书出版社，2011年，第774页。
② 王澍：《论书剩语》，载崔尔平选编点校：《明清书论集》，上海辞书出版社，2011年，第769页。
③ 王澍：《竹云题跋》，载崔尔平选编点校：《明清书论集》，上海辞书出版社，2011年，第805页。

### （二）"游行自在，动合天机"

王澍在题跋"无字不变"的《汉鲁相韩敕孔庙碑》中反复描述了书法自然审美样态的特征，称其为汉碑中最为"清微变化"者，极其典型地呈现出"游行自在，动合天机"的美学内涵。王澍评价说："汉碑有雄古者，有浑劲者，有方整者，求其清微变化，无如此碑。观其用笔，一正一偏，游行自在，动合天机，心思学力，到此一齐无用。"[①] 总体显现出"游行自在，动合天机"的自然特质，具体地看，碑文中的"碑阴与文后八人风韵略似"，可见"天机浮动"以及"清圆超妙，动乎自然"之态，在无意而成的笔触中见自然神妙；碑的左侧用笔极其纵绝，且"清圆超妙"，合乎法度；增书的人名中，斜斜整整，字各有态，转见天倪，亦可见当时用笔的神妙无方，远非规矩法度所能够限制。这和王澍所描述的"古人稿书""天真烂然"的自然美，实际上是一致的，都是"天机自动"的结果，都是书家天然秉性所自生、所独有的，它不拘限于规矩法度而又"不逾矩"，都是自然美的本有内涵。所不同的是，"天真烂然，自合矩度"侧重强调自然而然而又不失法度的美，"游行自在，动合天机"则重在强调自然而然而显清微变化的美。

### （三）"自然渊浑"

王澍在谈及临习《圣教序》时，提出临帖的关键在于获得古人之神，取得古人之意，而不在于"规规貌其形似"。在谈及临习欧阳询行书时，王澍表达了同样的观点，他批评欧阳询《史事帖》及《千字文》等行书"风骨太露"，故在临习时须"使其觚棱稍归平淡，取其意而不袭其貌"[②]，即以"平淡"来消解"风骨太露"之弊。在论及临习明代文徵明的隶书时，同样主张消解文徵明隶书的"觚棱斩截"太露之弊，直接以"自然渊浑"为美学追求，主张创造性地临写出更加合乎古法的审美趣味，诠释了他所肯定的书法自然美的内在意蕴。他说：

> 文待诏（隶书）专以觚棱斩截为工，则去古法愈远矣。余稍以汉、魏法临待诏，使就简劲，即其觚棱不烦绳削，自然渊浑。透过一步，乃适得其正，凡临古人，不可不解此法。[③]
>
> 文待诏（隶书）（《千字文》），……专师钟繇《劝进碑》《受禅表碑》二表，而兼取欧阳询《房彦谦碑》。盖自曹氏篡汉后，书法便截然分今古，无复汉人高古肃穆之风，犹羲之书《兰亭序》，破坏秦、汉浑古风格，为后世妍媚者开前路，此昌黎讥右军，谓"羲之俗书趁姿媚"也。要之，风会自然，作者所不能自主者也。此书笔力斩绝，深得元常遗意。[④]

① 王澍：《虚舟题跋补原》，载崔尔平选编点校：《明清书论集》，上海辞书出版社，2011年，第839页。
② 王澍：《竹云题跋》，载崔尔平选编点校：《明清书论集》，上海辞书出版社，2011年，第812页。
③ 同②。
④ 王澍：《虚舟题跋》，载崔尔平选编点校：《明清书论集》，上海辞书出版社，2011年，第831页。

　　文徵明的隶书通常"以觚棱斩截为工"，即棱角过于显露，离古法较远，缺少古意。王澍主张以汉魏古法临习文徵明的隶书，去除棱角，趋于简劲，达到"自然渊浑"的古意之美。相比之下，王澍称赞文徵明的隶书《千字文》却是"深得元常遗意"，即深得汉末三国时期钟繇书法的古意。王澍指出"自曹氏篡汉后，书法便截然分今古，无复汉人高古肃穆之风"，犹如王羲之的《兰亭序》就开启了破坏秦、汉浑古风格而转为追求妍媚姿态的前路。然而，文徵明的隶书《千字文》，却是深得古人遗意、存有浑古风格而"风会自然"的作品，彰显的是"自然渊浑"之美。

　　隶书须重"自然渊浑"之美，也就是"浑化自然"之美，真书、草书等其他字体也当如此。所谓"渊浑""浑化"，体现于用笔的方圆必须相参为用而不可显露，富有古意乃为佳，王澍说："方圆者，真草之体用，真欲方，草欲圆。方者参之以圆，圆者参之以方，方圆又不可显露，浑化自然，乃为佳耳。"①

　　综上所述，通过对王澍书论的诠释可知，其所阐发和追求的自然美，不但体现"自然渊浑"的自然浑古遗意，也体现"游行自在，动合天机"以及"天真烂然，自合矩度"的美学意蕴。这多重内涵，有机联动，共生共在，共同构成其所探讨的书法自然美的主要意蕴。

## 四、"进乎自然"之美的路径

　　书法自然美的生成，必须尽量去除刻意安排的主观成分，不可"有意为之"，而必须"得于意外"。为此，王澍提出极富道家哲学意味的"因其自然"的因循法则，作为书家辅助性介入书法创生过程的根本实践方法。另外，主张通过岁久积习以至精熟古人的规矩法度，并且凭借书家自身的先天禀赋，就能写出自然变化、尽显天机的作品，从而生成书法的自然美。

### （一）"因其自然"的因循法则

　　王澍提出作书最重要的一个法则就是"因"，即因循。作书刻意求变，不是真的能变，只要"因时舒卷"就能"变化具足"。字的结体最忌讳的就是有意整齐，因为字的长短大小是天然不齐的，只有"因其自然"，即因循字的体势之自然，才能"尽百物之情状"，而与天地自然造化相媲美。唯有如此，书法的美才能真正进乎自然。此即王澍所说：

　　　　仆论书法，有意求变即匪能变。……作书但因时舒卷，即变化具足，何事研同较异，逐字推排，乃始为变乎？至于结体，最患方整，长短大小字各有态，因其自然而与为俯仰，一正一偏，错综在手，所以能尽百物之情状。②

---

① 王澍：《翰墨指南》，载崔尔平选编点校：《明清书论集》，上海辞书出版社，2011年，第775页。
② 王澍：《竹云题跋》，载崔尔平选编点校：《明清书论集》，上海辞书出版社，2011年，第810页。

作字不须预立间架，长短大小，字各有体，因其体势之自然与为消息，所以能
尽百物之情状，而与天地之化相肖。有意整齐，与有意变化，皆是一方死法。①

"因时舒卷"指的就是自然而然地书写，只要自然地完成书写的整个过程，变化就能随
着书写时间的推进和节奏的不同而自然生成。时间内蕴着书写动作的不同长度、不同速度和
不同方向，不同的长度、速度和方向生成不同的节奏。不同节奏的生成，就意味着"变化具
足"。"因其自然"即"因其体势之自然"，也就是因循字的体势天然不齐的客观本性。因
循意味着对"长短大小，字各有体"的天然本性的尊重和遵循，也意味着书家的书写必须是
辅助性介入，如同道家老子所说"辅万物之自然，而不敢为"②。辅助万物自然生长，让万
物得到适合自身本性的最好发展，而不敢任意妄为。"辅"实则体现的就是因循的精神。道
家庄子直接有"常因自然"③之说，即是对老子"辅"的因循精神的重大发展。《史记》则
评断道家"其术以虚无为本，以因循为用"④。王澍提出"因其自然"，传承的正是道家的
因循法则，实则也是对唐人虞世南所论"迹本无为"及张怀瓘所言"顺其天理"的书法实践
法则的传承。因循并不是守旧，而是艺术走向创新的实践机制，正如王澍所说，只要"因时
舒卷"就能"变化具足"，只要"因其自然"就能"尽百物之情状"。

王澍同样认为具体于榜书形式的书写不必预立结构，字的长短大小不必预先安排，他说：
"凡作榜书，不须预结构长短阔狭，随其字体为之，则参差错落，通体自成。结构一排比令整
齐，便是俗格。"⑤若有意安排，使各字形体整齐，便如俗格。易言之，榜书形式的书写也必
须"随其字体为之"，即"因其体势之自然"而"参差错落"，否则即入俗格，便不自然。

楷书字体的书写也是如此——"楷书贵修短合度，意态完足。字形本有长短阔狭，大小
繁简之不齐，但能各就本体，尽其形势则佳；强使齐之，便不自然矣。"⑥楷书字形原本不
同，存在"长短阔狭，大小繁简之不齐"的差异，这种不齐的差异是各字的本体所自然呈现
的结果，只要"各就本体，尽其形势则佳"。如果勉强使各字的形体整齐一律，便不自然。
王澍的这一观点及表述，实源于晚明书法家汤临初的阐述，他曾说："真书点画，笔笔皆须
着意，所贵修短合度，意态完足。盖字形本有长短、广狭、小大、繁简，不可概齐。但能各
就本体，尽其形势，虽复字字异形，行行殊致，乃能极其自然，令人有意表之想。"⑦他们
一致认为，秉持"因其体势之自然"的因循法则，方能写出极其自然的楷书作品。

王澍在论及学习颜真卿的书法时，依然以整齐和自然两种不同的美学标准而加以申说，

① 王澍：《论书剩语》，载崔尔平选编点校：《明清书论集》，上海辞书出版社，2011年，第762页。
② 老子：《道德经·六十四章》，载王弼著，楼宇烈校释：《王弼集校释》，中华书局，1980年，第166页。
③ 郭庆藩：《庄子集释》，中华书局，2004年，第221页。
④ 司马迁：《史记》，中华书局，2011年，第2851页。
⑤ 王澍：《论书剩语》，载崔尔平选编点校：《明清书论集》，上海辞书出版社，2011年，第767页。
⑥ 王澍：《翰墨指南》，载崔尔平选编点校：《明清书论集》，上海辞书出版社，2011年，第781页。
⑦ 汤临初：《书指》，载崔尔平选编点校：《明清书论集》，上海辞书出版社，2011年，第508页。

他说："学颜公书，不难于整齐，难于骀宕；不难于沉劲，难于自然。以自然骀宕求颜书，即可得其门而入矣。"①整齐容易，骀宕难；沉劲容易，自然难。所谓骀宕，即骀荡，就是无所拘束、不拘紧的意思，与"自然"之意相近，故往往合称"自然骀荡"或"骀荡自然"。

此外，王澍认为颜真卿所作的《大字麻姑仙坛记》，是运用旧笔而完成的书写。他说："公之作此书，盖已退笔，因其势而用之，转益劲健，进乎自然，此其所以神也。"②"因其势而用之"指的是因顺旧笔的锋势而用笔，虽然是旧笔，但能"转益劲健"，而"进乎自然"。于此，"因其势"即"因其锋势之自然"，是针对笔的锋势而言的。上述"因其体势之自然"则是针对字的体势而论的。无论是笔的锋势，抑或字的体势，均须遵守的是"因其自然"的书写法则，其共同的目的是"进乎自然"。

### （二）"始于方整，终于变化"的积习进路

"因其自然"的因循实践法则，反对有意造作，尊重书写的客观规律性，它是书法创作"进乎自然"的根本法则。当然，"进乎自然"的书法实践，离不开书家的有意学习，必须发挥书家的主观能动性，通过有为的日久积习会通无为的书写之境，故而王澍指出："然欲自然，先须有意始于方整，终于变化，积习久之，自有会通处。"③由于各字本有长短、大小之不齐的自然形态，故而"方整"显然不是书法之自然的本有内涵，但"方整"是"进乎自然"的必经路径。若欲进入自然，必须先"有意始于方整"，而终于无心之变化。在此过程中，精勤习学，积累到一定程度时，自有会通之处，通向自然书写之境。

通常而言，学习书法往往始于有意而终于无意，即始于有意之方整而终于无意之变化，因为初学者绝不可能始求变化。有意、无意，方整、变化，前后两者相对应。始于有意、始于方整，终于无意、终于变化，长久积习，这是会通自然的进路。王澍反复强调这一要点：

> 摄天地和明之气入指腕间，方能与造化相通，而尽万物之变态。然非穷极古今，一步步脚踏实地，积习久之，至于纵横变化无适不当，必不能地负海涵，独扛百斛。故知千里者，跬步之积；万仞者，尺寸之移。④

> 束腾天潜渊之势于毫忽之间，乃能纵横潇洒，不主故常，自成变化。然正须笔笔从规矩中出，深谨之至，奇荡自生，故知"奇""正"两端，实惟一局。⑤

> 书到熟来，自然生变。此碑无字不变，"鲁"字、"百"字不知多少，莫有同者。此岂有意于变，只是熟；故若未熟，便有意求变，所以数变辄穷。⑥

① 王澍：《论书剩语》，载崔尔平选编点校：《明清书论集》，上海辞书出版社，2011年，第770页。
② 王澍：《虚舟题跋》，载崔尔平选编点校：《明清书论集》，上海辞书出版社，2011年，第827页。
③ 王澍：《论书剩语》，载崔尔平选编点校：《明清书论集》，上海辞书出版社，2011年，第763页。
④ 王澍：《论书剩语》，载崔尔平选编点校：《明清书论集》，上海辞书出版社，2011年，第764页。
⑤ 王澍：《论书剩语》，载崔尔平选编点校：《明清书论集》，上海辞书出版社，2011年，第761页。
⑥ 王澍：《虚舟题跋补原》，载崔尔平选编点校：《明清书论集》，上海辞书出版社，2011年，第839页。

"积习久之"是书法通向自然造化的基础，要求脚踏实地、穷极古今，笔笔从古人规矩法度中而来，也就是"始于方整"，而"至于纵横变化无适不当"，则"奇荡自生"。通俗而言，学书必须熟练，因为"书到熟来，自然生变"。"自然生变"，即无心于变而尽变，所谓"书到熟来，无心于变，自然触手尽变者也"①。犹如《孔庙碑》的字，堪称"无字不变"，正是因为书写者的精熟、熟练所致的自然变化。总之，"积习久之"而功夫精熟，是通向自然的坦途。

### （三）"体中有书，方能得之"的悟得资质

人力积习以至精熟，是通向自然的必经之路，但王澍同时认为自然工巧往往并非后天人造所能成就，书家必须具备非同寻常的先天禀赋才能悟得。当然，天然禀性优良的书家，也不能缺少人力积习的学书过程，只是他们具有超乎常人的悟得资质，而这恰是悟得书法之自然天机的必然条件，因此王澍提出"体中有书，方能得之"的重要观点。

> 人须是体中有书，方能得之，天工弗由人造。董文敏书独出有明三百年，以其天事胜也，非谓人力可省，正以天然高处，未可以人力争耳。吾与树澧秦子交于今三年，从未见其举笔为隶，一旦临此，遂能造微，良由其得之天者优，故能不学而至也。骅骝虽不欲走，自非驽骀所及。正愧吾辈徒劳脚板耳！②

"体中有书"，意在表明书家天然禀赋的重要性，它具有人力所缺乏的优异功能。天工不是人造的，而是凭借天然禀赋所得之的，但同时离不开人力，"非谓人力可省"。因为人力积习是学书必不可少的条件，是走向变化、会通自然的必经之路。若缺少人力积习，一切所谓的先天禀赋均不能发生作用。虽然说先天禀赋的书家，具备"不学而至"的特点，但这并不意味着"人力可省"，这缘由其早已经历过人力积习的学书过程，早已精通古人书写的奥妙，故而"从未见其举笔为隶，一旦临此，遂能造微"。因此，在具备人力积习的基础上，天工即自然工巧，一定是"体中有书"者，方能造微入妙而得之。

当然，"天工弗由人造"，而是由书家的天然禀性所成就的，此即"体中有书，方能得之"。在此意义上说，天然禀性相较于人力积习显得更为重要，董其昌的书法"独出有明三百年"，正是以天然禀性取胜的，即"以天然高处，未可以人力争耳"。以天然禀性取胜，如"骅骝虽不欲走，自非驽骀所及"。易言之，自然工巧所得，首先取决于天然禀性，其次离不开人力积习。王澍的这一观点，如同唐人张怀瓘所强调的："得之者，先禀于天然，次资于功用。而善学者乃学之于造化，异类而求之，固不取乎原本，而各逞其自然。"③ 善于学书者，"先禀于天然"，目的在于"逞其自然"。这也很容易让人联想起宋

---

① 王澍：《虚舟题跋》，载崔尔平选编点校：《明清书论集》，上海辞书出版社，2011年，第832页。
② 王澍：《虚舟题跋》，载崔尔平选编点校：《明清书论集》，上海辞书出版社，2011年，第833-834页。
③ 张怀瓘：《书断》，载《历代书法论文选》，2014年，第164页。

代学者董逌的著名论断，即"书有天机，自是性中一事"①。董逌也十分注重书家的天然禀性，认为书法呈自然天机，是凭借书家先天禀性的作用才能生发出来的特质，也只有在书家先天禀性中才能完成的事物。

总而言之，王澍认为"因其自然"是书法"进乎自然"的根本法则，"始于方整，终于变化"是书法"进乎自然"的积习进路，而"体中有书，方能得之"则是强调"进乎自然"的天然资质。三者相互联动，相互作用，从有意走向无意，既尊重书写的客观规律性，也发挥书家的主观能动性和天然禀性，最终进入自然而又合乎法度的书写，共同生成书法的自然美。

## 五、结语

王澍承续先贤古人主张书法"肇始于自然"的观念，认为书法的自然美正是源于"渐近自然"的美学思想，即书法图像运动变化的自然美源于自然物象运动变化的自然美。书法的自然美集中体现于"天真烂然，自合矩度""游行自在，动合天机"以及"自然渊浑"等美学内涵。自然美的书法，既能表现书家生命情感的复杂变化，也能合乎古人规矩法度而运作自如，尽显浑古遗意和自然天机。意欲进入自然书写而生成书法的自然美，首先必须遵循的是"因其自然"的因循法则，必须尊重文字体势及其书写方法的客观规律性；其次必须历经"始于方整，终于变化"的积习进路，唯有对古人法度的精熟把握才能进入自然变化的书写之境，最终才能生成书法的自然美；此外，王澍强调"体中有书，方能得之"，即书家只有具备超凡的先天禀性才能悟得自然天机，意在凸显书家天然禀赋的重要性。三者相互联动，相互作用，共同生成书法的自然美。总之，"渐近自然"之美的根源、"风会自然"之美的意蕴以及"进乎自然"之美的路径等以上三维有机联动的内容，共同构成王澍所论书法自然美的主要美学思想。

**本文作者**

兰辉耀：井冈山大学

---

① 董逌：《广川书跋》，载崔尔平：《历代书法论文选续编》，上海书画出版社，2012年，第109页。

# 从《罗婉顺墓志》看颜真卿书学渊源

周中工

　　2020年11月13日，陕西省考古研究院举行了新闻发布会，宣布在陕西西咸新区秦汉新城唐代元氏家族墓葬考古发掘中，出土了唐代大书法家颜真卿早年书丹的《罗婉顺墓志》（图11）。消息一出，立刻受到社会各界广泛关注并在网上引发热议。一方面，这是目前唯一经由科学考古发掘出土的颜真卿书迹；另一方面，它与典型的"颜体"书风出入较大而受到质疑。其清秀典雅的面貌，倒是与初唐著名书法家褚遂良的作品更加接近。那么，《罗婉顺墓志》是否由颜真卿本人书写？取法于谁？史上关于"颜真卿学褚遂良"的记载是否属实？颜真卿早期书法的真实面貌如何？该墓志的出土，不仅让人引发了某种猜想，也提供了证据，指明了路径，给出了答案。

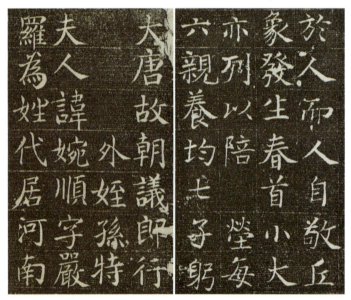

图11　颜真卿　罗婉顺墓志（局部）　747

## 一、《罗婉顺墓志》基本情况

　　根据陕西省考古研究院发布的《陕西咸阳唐代元大谦、罗婉顺夫妇墓发掘简报》，罗婉顺墓志为正方形，志盖、志石边长均为51.4厘米。志盖四周线刻缠枝花草及四神，阴刻篆书"唐故龙门令元府君夫人罗氏墓志之铭"16个字。志石正面阴刻楷书729个字，27行，满行28个字，画细线棋格。志文略录如下：

　　大唐故朝议郎行绛州龙门县令上护军元府君夫人罗氏墓志铭并序。外侄孙特进上柱国汝阳郡王琏撰，长安县尉颜真卿书。夫人讳婉顺，字严正，其先后魏穆帝叱罗皇后之苗裔。至孝文帝，除叱以罗为姓，代居河南，今望属焉。……以天宝五载景戌，律中沽洗，日在胃，建壬辰，癸丑朔丁巳土满，因寒节永慕，兼之冷食，遂至遘疾，薨于义宁里之私第，春秋四百五十甲子。呜呼哀哉！天乎天乎！祸出不图，其福何在？哲人斯殂。痛惜行迈，哀伤路隅。吊禽夜叫，白马朝趋。知神理之难测，孰不信其命夫。悠以天宝六载，丁亥律应夹钟，日在奎，建癸卯丁未朔。己酉土破，迁合于元府君旧茔，礼也。呜呼呜呼！松槚兹合，魂神式安。闶泉局分已矣，顾风树而长叹。府君之德行，前铭已载，嗣子不疑等，望咸阳之日远，攀灵轜以摧擗。号天靡诉，擗地无依。斫彼燕石，式祈不朽。乃为铭曰：启先茔兮松槚合，掩旧局兮无所睹。痛后嗣兮屠肝心，从今向去终千古。

　　从志文可知，志主罗婉顺，字严正，本姓叱罗，鲜卑人，北魏孝文帝时改姓罗，为龙门县令元大谦（字仲和）夫人。卒于天宝五载三月，天宝六载二月与丈夫合葬。罗婉顺墓志书丹者为颜真卿，文内自称长安县尉（图12）。据颜真卿年表，天宝五载颜真卿由醴泉县尉升任长安县尉，与史载相合。

　　然而，《罗婉顺墓志》字迹清秀典雅，与典型"颜体"的浑厚雄强出入较大，因此有学者发出了"此颜真卿非彼颜真卿"的质疑。

图12　颜真卿　罗婉顺墓志（局部）　747

比如，北京大学历史学系教授辛德勇就曾在其微信公众号上发文："作为地道书法外行只是看热闹的我，一路看下来（从《王琳墓志》《罗婉顺墓志》《郭虚己墓志》到《多宝塔碑》《东方朔画赞》《颜勤礼碑》），实在觉得没有道理相信这次发现的《罗婉顺墓志》其字迹出自颜真卿之手，再怎么讲我也不相信。"对此，西安碑林博物馆研究员陈根远在网上的视频中回应："他可能对（陕西省）考古院公布的考古发掘现场细节没有专门看，当然，他也自称对书法不懂。实际上，这个《罗婉顺墓志》是经科学考古发掘，绝对没有问题。"其实，作为一名历史学家，辛德勇并没有怀疑这块经科学考古发掘出土的墓志铭的真实性，甚至专门在其微信推文《我对〈罗氏墓志〉书人的疑虑》中强调："这是一方经过科学考古发掘才出土问世的唐代铭文……所以我相信这方墓志一定是真货。"他只是怀疑这方墓志的字是否由颜真卿本人书写，并根据其字体特征推断是颜真卿倩人代笔所书。

辛德勇的疑虑并非空穴来风。这里涉及两个问题，一是颜真卿早期书风及其渊源，二是倩人代笔的可能性。第一个问题本文将会重点分析，这里先说说第二个问题。

个人以为，怀疑为倩人代笔，此说有些牵强。《罗婉顺墓志》的书写时间为天宝五载（746），这一年颜真卿只有三十八岁，书法尚未成熟，也没有什么名气（颜真卿的书法真正受到关注，是在"安史之乱"之后），加上他当时的身份只是一个长安县尉（主管地方治安，相当于现在的县公安局局长），并不是什么高官显宦，而墓志的主人及撰写者李璘倒是与唐代皇室有着密切的姻亲关系，地位较高，因此颜真卿倩人代笔的可能性非常小。再加上它是经科学考古发掘，我们可以认定，《罗婉顺墓志》就是颜真卿早年的真迹。

## 二、从《罗婉顺墓志》看颜真卿书学渊源

### （一）颜氏书风的分期

根据书法理论家金开诚先生的观点，颜真卿的楷书创作大致分为三个时期：50岁以前属于早期，代表作为《多宝塔碑》和《东方朔画赞》；50岁至60岁为中期，代表作为《鲜于氏离堆记》，标志着颜真卿刚健雄浑、大气磅礴风格的形成；60岁后为晚期，书法艺术完全成熟，人书俱老，代表作为《麻姑仙坛记》《颜勤礼碑》《颜家庙碑》等。

《罗婉顺墓志》为颜真卿三十八岁时所写，属于他的早期作品。以前，我们能见到颜真卿最早的作品是他44岁时所写的《多宝塔碑》；但近年来，随着《王琳墓志》《郭虚己墓志》的相继发现，其早期作品一下子变得丰富起来。如按照书写时间的先后来排序，它们分别是《王琳墓志》《罗婉顺墓志》《郭虚己墓志》《多宝塔碑》，它们共同构成了颜真卿早期书法的作品谱系，形成了清雅温婉、秀丽端庄的早期书风。

那么，问题来了。如果我们将这四件作品并置在一起（图13），观察、对比一下，似乎总觉得哪里不太对劲。

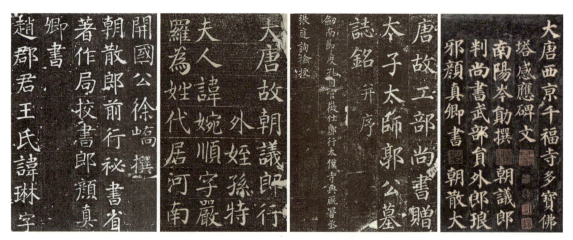

图13　从左至右依次为《王琳墓志》《罗婉顺墓志》《郭虚己墓志》《多宝塔碑》

没错，在这四件作品中，如果说《多宝塔碑》是我们最熟悉的"颜体"，那么与它风格最为接近的无疑是《郭虚己墓志》，其次是《王琳墓志》，最后才是《罗婉顺墓志》（与《王琳墓志》比较接近，但更秀丽一些）。按常理，书家的书风形成是一个循序渐进的过程，《罗婉顺墓志》比《王琳墓志》晚四年，"颜体"味道应该更足一些，怎么又长回去了呢？（长得像谁，我们后文再分析）难怪辛德勇教授对《罗婉顺墓志》是否为颜真卿所写深表怀疑，在其《我对〈罗氏墓志〉书人的疑虑》一文中说：

> "我觉得《罗氏墓志》不像出自颜真卿的手笔，是先看前边在开元二十九年写下的《王琳墓志》，再看它的后边在天宝八载写下的《郭虚己墓志》。这件《罗氏墓志》写于天宝六载，往前不到六年，往后更不到两年，而在我谈到的字体结构这一点上，前后两头都是同一路风格……那么，这方《罗氏墓志》怎么会前不着村、后不着店地上下不靠，别具风韵呢？（我想，若是遮住"长安县尉颜真卿书"这一行题名，单看字迹，时下那些宣称这方墓志必属颜书无疑的书法家们，恐怕不会还有什么人仍然把它看作是颜真卿的作品。）再往下看，一直看到《多宝塔碑》《东方朔画赞》以至《颜勤礼碑》和《颜家庙碑》，在我讲到的这一点上，可谓前后相继，一脉相承。那么，这个长得跟谁都很不一样的《罗氏墓志》，又怎么可能也是出自颜真卿之手呢？这是让我感到大惑不解的主要疑点。"

说实话，刚看到《罗婉顺墓志》时，笔者也有这样的困惑。对此，有专家出来解释，说这是由于颜真卿书风的"波动性"造成的。比如西安碑林博物馆副研究馆员杨兵先生就认为："从现有碑刻作品来看，颜真卿的书风变化具有较大的波动性。也就是说，年代相近并不一定风格相近。"他又举例说："《多宝塔碑》与《东方朔画赞》的创作只差了一年，但是变化非常大；《东方朔画赞》与作于60岁至63岁间的《臧怀恪碑》相比，《臧怀恪碑》又好像将'气度'收回去了一些……"[①]

这种说法似乎有些道理。但《罗婉顺墓志》长得不太像它的其他"兄弟"，也是事实。

### （二）颜真卿书学渊源

那《罗婉顺墓志》长得像谁？我们不妨先了解一下颜真卿的书学渊源。

一般认为，颜真卿书法主要源于家学，后取法于褚遂良与张旭。如沃兴华先生在《中国书法史》中所言："颜真卿书法源自家学，从学于褚遂良和张旭，最后会通变法，自成一格。"[②]

颜真卿书法源自家学，似乎并无异议。朱关田先生在《中国书法史·隋唐五代卷》中也认为："颜真卿幼承门业，并重真草。"[③]的确，颜氏祖辈及其母亲殷氏家族，历代善书者

① 张敏：《深度解读咸阳唐代元氏家族墓出土颜真卿书〈罗婉顺墓志〉》，《艺术品鉴》2012年第34期。
② 沃兴华：《中国书法史》，上海古籍出版社，2019年，第176页。
③ 朱关田：《中国书法史·隋唐五代卷》，江苏教育出版社，2009年，第162页。

众，颜真卿自幼秉承家学，很正常。颜真卿后来取法张旭，也有据可依。比如他曾多次向张旭请教笔法并写下了千古名篇《述张长史笔法十二意》。此外，颜真卿还在《怀素上人草书歌序》中提道："羲、献兹降，虞、陆相承，口诀手授，以至于吴郡张旭长史。虽姿性颠逸，超绝古今，而模楷精详，特为真正。真卿早岁，常接游居，屡蒙激昂，教以笔法。"①说明颜真卿曾受教于张旭并对其推崇之至。

说到这里，我们不妨也看看张旭的楷书作品《严仁墓志》（图14），与颜真卿的《罗婉顺墓志》对比一下，两者是不是也有一些暗合之处呢？

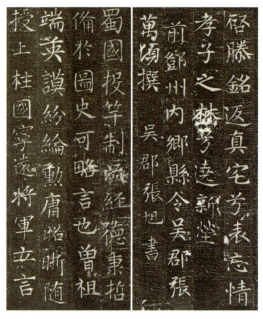

图14　张旭　严仁墓志（局部）　742

至于颜真卿取法褚遂良，则是众说纷纭。历史上倒是有些相关的记载，如宋代的米芾：

（颜真卿）吉州庐山题名，题讫而去，后人刻之，故皆得其真，无做作凡俗之差，乃知颜出于褚也。②

颜真卿学褚遂良既成，自以挑踢（剔）名家，作用太多，无平淡天成之趣。此帖尤多褚法，石刻醴泉尉时及《麻姑山记》，皆褚法也。③

然后，就是清代的吴德旋在《初月楼论书随笔》中云：

鲁公书结字用河南法，而加以纵逸。④

其他的，主要是记述褚遂良作为"唐之广大教化主"，其宽绰疏逸、丰润劲练的书风，对后来一大批书家（包括颜真卿）的影响，如：

褚河南书为唐之广大教化主，颜平原得其筋，徐季海之流得其肉。⑤

褚河南书，陶铸有唐一代，稍险峻则为薛曜，稍痛快则为颜真卿，稍坚卓则为

---

① 颜真卿：《颜鲁公文集》（二），中国书店，2018年，第27页。
② 米芾：《海岳名言》，载上海书画出版社、华东师范大学古籍整理研究室选编校点：《历代书法论文选》，上海书画出版社，第361页。
③ 米芾：《跋颜书》，载米芾：《米芾宝晋集补遗》，（台湾）新文丰出版公司，1985年，第149页。
④ 吴德旋：《初月楼论书随笔》，载《历代书法论文选》，第590页。
⑤ 刘熙载：《艺概》，载《历代书法论文选》，第702页。

柳公权，稍纤媚则钟绍京，稍腴润则吕向，稍纵逸则魏栖梧，步趋不失尺寸则谓薛稷。①

自褚书既兴，有唐楷法不能出其范围，显庆至开元，各碑志习褚书者十有八九，诸拓具在，可复案也。②

今人朱关田先生也说："综观武后一期，乃至玄宗开元初年的书坛风貌，以及其后书家如徐浩、颜真卿，莫不受其影响，刘熙载《书概》所誉褚遂良为'唐之广大教化主'者，盖为至言矣！"③

从文献记载来看，颜真卿与褚遂良有着千丝万缕的关系。但作为"颜真卿学褚遂良"的依据，米芾提到的那几件作品，《庐山题名》世不经见，难以凭迹推断。《乞米帖》《麻姑仙坛记》均属于颜真卿晚年的作品，书风与褚遂良相去甚远，谓之"出于褚"，似乎有些牵强。

难道，"颜真卿学褚遂良"只是一个传说？

### （三）《罗婉顺墓志》与《雁塔圣教序》的对比分析

《罗婉顺墓志》的出现，让我们不仅看到了颜真卿早期书法的样貌，同时为追溯他的书法渊源明确了方向。人们在诧异它与典型的"颜体"长得不像的同时，又忍不住发出惊叹：它与褚遂良的《雁塔圣教序》（图15）长得太像了！

我们都知道，《雁塔圣教序》具有典型的"褚体"风格特征，字体清丽刚劲、宛转圆润，素有"美人婵娟"之誉，而《罗婉顺墓志》线条瘦劲

图15　褚遂良　雁塔圣教序（局部）　653

挺拔，点画灵动飘逸，转折潇洒自如，风格秀丽典雅，两者在整体面貌及气质上如出一辙。甚至《罗婉顺墓志》中的不少字，从结体到用笔，都与《雁塔圣教序》高度相似（甚至重合），比如"皇""帝""开""夫""地""以""于""清""所""阳""人""能""进""合""之"等字。（图16）

① 王澍：《虚舟题跋》，载崔尔平：《历代书法论文选续编》，第646页。
② 毛凤枝：《石刻书法源流考》，载冯亦吾：《书法名论集》，河北美术出版社，1993年，第257页。
③ 朱关田：《中国书法史·隋唐五代卷》，江苏教育出版社，2009年，第69页。

通过比对，我们完全可以确定，颜真卿早期的书法受到了褚遂良的影响。在《罗婉顺墓志》上，我们可以看见太多《雁塔圣教序》的影子。甚至我们可以认为，《罗婉顺墓志》直接取法于《雁塔圣教序》。曾经，《王琳墓志》被作为"颜真卿学褚遂良"的一个例证，现在看来，《罗婉顺墓志》更加接近褚遂良的书风。

图16　《雁塔圣教序》（左）与《罗婉顺墓志》（右）部分单字对比

无独有偶，当代以研究颜真卿闻名的朱关田先生在其最新发表的《传世颜真卿楷书碑志著录考略》一文中也说："（《罗婉顺墓志》）是志书迹，可证开元天宝年间颜真卿辈书法受褚遂良书风影响之情形。"①而在此之前，他在其《中国书法史·隋唐五代卷》介绍颜真卿书学渊源时并未提及，只是说："颜真卿幼承门业，并重真草。……初则清健，源于母族殷氏，而得力于张旭……广德以后，趋于圆劲……"②甚至在介绍《宋璟碑》时，对于"后之论者大多以为出于褚遂良"之说，他不甚以为然："《宋璟碑》，书于大历十三年，方整虚和，后之论者大多以为出于褚遂良。其实斯碑乃健笔书写，且多用腕力，不同于鲁公平常之粗锋饱墨。……颜真卿楷书结法出自家学，其平画宽结于晋代已露端倪，《颜谦妇刘氏墓志》即是颜氏先祖遗则。殊途同归，与褚氏同一法门，只是颜真卿平常用笔圆劲，别有一番浑厚意趣。所以当他一改细挺，便似褚氏风韵，并非他有意仿写去追求褚家异趣的。"③可见，《罗婉顺墓志》的出现，让朱先生的观点也发生了很大变化。

**（四）《罗婉顺墓志》与颜氏其他作品的对比分析**

当然，《罗婉顺墓志》也有自己的颜氏血统与基因，与"褚体"并不完全相同。

从结体来看，《罗婉顺墓志》的书迹已经有了一些"平画宽结"的特点，字形偏方，取横势，宽博疏朗，与"褚体"相似。不同的是，"褚体"极力内擫，边线向字心弯曲，而《罗婉顺墓志》变内擫为外拓，尤其是转折处变方整折笔为提笔圆转，略呈弧势（偶有内擫之态），"颜体"开张、环抱的端倪初步显现。同时，部分笔画加粗加重，如捺、竖钩，在秀丽典雅的整体面貌下，隐约可见"颜体"的丰腴浑厚。故《罗婉顺墓志》虽清瘦，但并非天外来物，而是与颜氏后来诸碑一脉相承的。从《罗婉顺墓志》《郭虚己墓志》到《多宝塔

---

① 朱关田：《传世颜真卿楷书碑志著录考略》，载《中国书法》2020年第11期，第37页。
② 朱关田：《中国书法史·隋唐五代卷》，江苏教育出版社，2009年，第162页。
③ 朱关田：《中国书法史·隋唐五代卷》，江苏教育出版社，2009年，第166–167页。

碑》《东方朔画赞》《麻姑仙坛记》《颜勤礼碑》《颜家庙碑》，我们可以清晰地看到颜氏书风从继承到创新、从瘦劲挺拔到厚重雄浑的演变过程。

对比颜真卿不同时期碑刻作品中的署名，你还会觉得"此颜真卿非彼颜真卿"吗？（图17）

| 《罗婉顺墓志》（746） | 《多宝塔碑》（752） | 《麻姑仙坛记》（771） | 《颜勤礼碑》（779） | 《颜家庙碑》（780） |

图17 颜真卿不同时期碑刻作品中的署名

## 三、结语

综上所述，《罗婉顺墓志》是目前唯一经由科学考古发掘出土的颜真卿早年书迹，其真实性毋庸置疑。它清秀典雅的面貌，宽博疏朗的结体，瘦劲挺拔的用笔，主要取法于褚遂良的《雁塔圣教序》。《罗婉顺墓志》的出土，印证了历史上关于"颜真卿学褚遂良"的记载。同时，《罗婉顺墓志》自带颜氏基因，虽为早期作品，但其开张、环抱的端倪初步显现，与颜真卿中晚期作品一脉相承，是颜真卿作品谱系中的重要组成部分。《罗婉顺墓志》对研究颜真卿早期作品样貌及"颜体"风格的形成，具有重要的实物参考价值。

**本文作者**

周中工：广州城市职业学院艺术设计学院

# 沈曾植书法晚年取法黄道周驳论

## ——对有关沈曾植书法的一个流传广泛的谬说的匡正

王 谦

在中国书法史上，清末民初时期书法意义的突出表现为书法审美与书法创作，在清中期之前经历了长达千余年的帖派盛行，又经过清中、晚期百余年的碑派大兴之后，而正式出现碑帖整合的理论主张并在实践中获得真正成功。这一时期的主要人物，随着当代书法研究的推进，学者们的研究目光愈渐集中到沈曾植身上。有关沈曾植的书法理念、书法创作成为近年热点之一，仅直接以沈曾植书法为研究目标的博士、硕士学位论文已有十余篇，构成沈曾植书法乃至近代书法研究的一大组成部分。

有关沈曾植书法的研究，大致集中于两个方面：一是沈曾植书法理论研究，由于其书论主要载于碑帖题跋、札记中，并非为公开发表而写，仅只简略写记观点，而在内容、文字层面具有近乎极端的信息密度和理解难度，当代书法学者多受文献、训诂基础薄弱所限，每有学者对沈曾植书论发生误读，遂难得到及时纠正，致使误读成为共识而广泛传播。[①]二是沈曾植书法创作研究，包括对沈曾植晚年典型书风的特点、书法取法来源等内容的研究。对沈曾植书法创作的研究中，虽然出现舛误的比例低于对其书法理论的误读，但也常见明显以讹传讹情形之发生，其中确属舛误而被广为接受的一个观点，是沈曾植晚年书法主要取法明末书家黄道周。

客观而论，一位成功的艺术家对其前代名家的成就若非艺术观点完全相反，则或多或少地受到前人的影响。沈曾植对黄道周的书法作品与书学理念，并非完全不受影响，但客观上所受影响之发生未若当代学者所众口一词认定的那样重大，而如果聚焦于当代学者所援引为铁证的直接文献中，则会发现不约而同地出现了严重误读。

---

① 针对此方面问题，笔者撰有《沈曾植书论何以频被误读——沈曾植题跋、札记的维度之密与读解之难》一文，列举了15个误读例证（其中以"异体同势，古今杂形"为广泛误读之典型），纠正书学界普遍存在的错误认识。

## 一、沈曾植晚年书法，欧阳父子影响远超黄道周

当代书法学者多将黄道周、倪元璐作为沈曾植晚年书法面目形成的最大影响因素，并且大家几乎一致认定其之所以取法黄道周、倪元璐，不外乎两方面原因：一是思想情感方面的相近，沈曾植入民国后的遗民身份，让他更加景仰为大明殉国的黄道周、倪元璐；二是书法的笔法方面，黄道周、倪元璐皆以钟繇、索靖为旨归，同时又吸收章草的元素，书风有明显的章草意味，与沈曾植此阶段对章草的趣好相契合。①

揆诸现实，虽无法完全排除此两方面原因发生作用的可能性，但黄道周、倪元璐的实际影响并未有如此之大。清末民初，以沈曾植、郑孝胥为代表的遗老文化圈，黄道周人格气节受到人们景仰的同时，其书墨亦为大家所乐于收藏、传观。从友人的日记和沈曾植诗的自注，都可找到他在晚年有机会且有较长时间欣赏甚至临习黄道周书迹的记载。郑孝胥日记中记有多次与沈曾植相关的记载，如1914年12月15日记有："又过沈子培，以《黄石斋尺牍》册示之。"②当月29日记有："过子培，适移居四十四号，中岛、波多亦在座，携《黄石斋尺牍》归。"③

由上引郑孝胥日记，可知沈曾植曾经留下欣赏黄道周书札真迹近半月时间。又如，沈曾植1920年《题黄忠端公尺牍》自注："拔可观察新得此册，遂为沪上黄书第一，留余斋中几两月矣。"④这次留下学习黄道周书迹的时间更长。但通人境界如沈曾植，对艺术与思想会有通融又清晰的认识，正常情况下，不会因情感的认同便遽然完全影响其在艺术技法上的师法取向。相比于《爨宝子碑》《张猛龙碑》成为沈曾植晚年书风的主要影响因素，黄道周、倪元璐书法在其晚岁书迹中并没有过于明显的痕迹，如果一定认为沈曾植受到黄道周、倪元璐影响，也只认为沈曾植这种影响内化在书写之中，并无明显书写特征之呈现。

沈曾植对黄道周的直接评价极少。沈曾植《恪守庐日录》1891年1月2日记其访樊增祥，观其所藏书画情形。他评黄道周、倪元璐、王铎三家书法，称黄道周所作竹石卷"题字作隶体，自称作七八九分书，才语也"，此仅是谈及黄道周用于题尚的隶书。相比于对黄道周作如此简略评语，他对倪元璐评价较多："倪书画并行，有逸气，假非殉国，老其书，当与华亭（董其昌）代兴，孟津（王铎）力胜之，超诣不及也。"⑤当然这是沈曾植42岁时的情况，距其晚岁尚有二十余年时间。

对沈曾植吸收黄道周书法的时间，日本学者菅野智明通过研究《沈曾植题跋》，认为集中于1919年之后。成联方认为这一结论并不客观，他比较其写于1882—1883年间的草书作

① 肖文飞：《沈曾植书风演变的几个点》，载《中国书画》2013年第1期，第32–59页。
② 郑孝胥：《郑孝胥日记》，中华书局，2016年，第1545页。
③ 郑孝胥：《郑孝胥日记》，中华书局，2016年，第1543页。
④ 沈曾植：《沈曾植集校注》，钱仲联校注，中华书局，2001年，第1340页。
⑤ 许全胜：《沈曾植年谱长编》，中华书局，2007年，第130页。

品《护德瓶斋涉笔》手稿，认为其中已有"非常纯正"的黄道周风格，借以判断沈曾植在三十三四岁时即致力于黄道周书法的学习，但又表示在此件作品之外，很难再见到这路风格的作品，"直到1912年辛亥革命以后，才有黄道周风格的作品出现，并且此后直到生命末期，这类作品不断涌现"[1]。

其实，如果认定沈曾植曾借鉴黄道周书法，则既不能确定在1919年之后（如菅野智明的研究结论），也不必以1882—1883年"类黄书风"的昙花一现来认定其时曾致力取法黄道周。对于前一种观点，如果1919年方开始借鉴黄道周书法，则在相应时期的作品中必有明显呈现黄道周书风的作品，而实际在迄今出版的作品集中，并未有此类作品；对于后一种观点，即1882年前后的几页手稿呈现"非常纯正"的黄道周书法风格，可以这样理解：对一位以毛笔书写为主要文字记录方式，又广涉帖派多家的通人书家如沈曾植，兴致突来偶一为之，笔下写出与曾见过的前代某书家面目极像的字来，也属正常。

总而言之，黄道周、倪元璐书法确实曾对沈曾植产生影响，但这影响远不像学者们认为的那样重大。

相对于黄道周、倪元璐对沈曾植的影响被现当代学者作过分夸大的判断（部分出于误读资料原因），欧阳询对沈曾植书法的影响则太少被学者提及。

在沈曾植绝笔联"岑碣熊铭入甄选，金砂绣段助裁纸"（图18）上下联周边的二十家题跋中[2]，上海华丰银行董事长陈家栋和训诂学家、诗人胡朴安的题跋中客观叙述此联于沈曾植逝世后佚失，数年后在书肆购得，陈家栋、胡朴安二位及沈曾植弟子杨复康等人几番辗转，重归于沈慈护之手的经过，王甲荣、王蘧常父子的四个跋（父一子三）则具有书法文献价值。王甲荣跋语简述沈曾植书法取法的路径："丈少壮日书法唐碑，晚爱北魏，间从隶体悟入。而是联则又逼近率更，瘦劲坚卓，尤足徵至人徂落，其神明犹湛然也。"以王家与沈曾植的交情，此跋所述应为十分可信。沈曾

图18　沈曾植绝笔联

[1] 成联方：《碑帖融合，继往开来——沈曾植的书法风格及演变》，载《中国书法》2015年第14期，第98-107页。
[2] 分别为沈金鉴、周善培、王甲荣、马一浮、王蘧常、谢无量、盛沅、莫永贞、吕渭英、钱熊祥、胡朴安、宝瑢、诸宗元、高振霄、叶恭绰、金兆藩、夏敬观、江庸、陈家栋、朱奇二十位。

植早年取法唐碑，应包括颜真卿、欧阳询等书法，晚年由魏碑、隶体融入行草，达到碑帖融合新境，此联则又具有欧阳询笔法，可知沈曾植晚年碑帖融合之际，欧阳询书法为其中帖派成分的主要来源。

王甲荣题沈曾植绝命联时说"是联则又逼近率更"，说明沈曾植晚年受欧书影响较大。当代学者同样忽略的是沈曾植在晚岁对欧阳询书法与王献之一脉相承，且又上接索靖章草的评价，其论书札记《大令草势开率更》写道："草势之变，性在展蹙。展布放纵，大令改体，逸气自豪；蹙缩皴节，以收济放，则率更行草实师大令而重变之。旭、素奇矫皆从以出，而杨景度（杨凝式）为其嫡系。……香光（董其昌）虽服膺景度，展蹙之秘，犹未会心，及安吴而后抎出，然不溯源率更，本迹未合也。偶临秘阁欧帖，用证《千文》，豁然有省：大令草继伯英，率更其征西（索靖）之裔乎？"[1]此则论述的关键，是指出"草势之变，性在展蹙"，溯源欧阳询，则有助于体会、理解"蹙缩皴节，以收济放"的"展蹙之秘"，可见沈曾植晚年实将欧阳询视为把握王献之书法系统"草势"的一

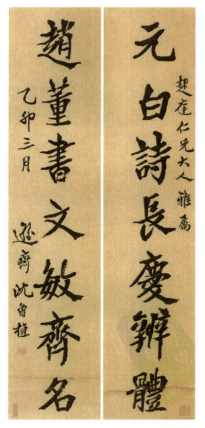

图19 沈曾植对联[2]

大关键。

沈曾植60岁之后的作品，如书于"乙卯三月"（1915年，65岁）的一副楷书七言联"元白诗长庆辨体，赵董书文敏齐名"（图19），即在整体笔势结构上有明显的欧体特征，大有以收济放之意。

张宗祥《论书绝句》评述沈曾植书法：

> 直驱健笔为章草，偶运柔毫学让之。
> 元璐一篇藏枕箧，平生得力《道因碑》。[3]

《道因碑》即《道因法师碑》，为欧阳询之子欧阳通传世名作。欧阳通继承父法，锐志钻研，后与父齐名，父子世称"大小欧"。但欧阳通楷书写得更为瘦硬、劲挺，尤其主笔横画在收笔时末锋飞起，有浓重隶意，在《道因法师碑》中多有体现。张宗祥此诗，同样指出欧书对沈曾植书法的影响之大。

---

① 沈曾植：《海日楼札丛 海日楼题跋》，钱仲联辑，辽宁教育出版社，1998年，第310页。
② 上海书法协会编：《海派代表书法家系列作品集·沈曾植》，上海书画出版社，2006年，第230页。
③ 张宗祥：《清代文学概述·书学源流论》，上海古籍出版社，2015年，第131页。

## 二、客观析评沈曾植对黄道周、倪元璐书法之借鉴程度

当代专家认为沈曾植晚年书法主要得力于黄道周、倪元璐。对此观点，极有必要作一番认真、确切研究。

较多学者认为沈曾植晚年师法黄道周、倪元璐，是由于黄道周、倪元璐在明清鼎革之际对前朝的节义而成为沈曾植的精神偶像。[①]诚然，书法是书家精神品格的体现，但书家取法前代书家却未必以其思想情感为选取标准，而更多的是凭借彼此对书法审美的共鸣来取舍。这便是思想与艺术之间既有一致性又未必有一定统一的特性。在沈曾植多篇书论、题跋中，基本全是从书法层面着眼，并不因书家的道德取向来影响其对艺术的判断。因此，对沈曾植取法黄道周、倪元璐的情况，应在技法层面上具体分析，而不应因前人有沈曾植晚年曾取法黄道周、倪元璐之论，便将其作扩大化处理并认定取法的原因是钦敬其人格。同样，沈曾植对王铎书法的不喜欢也不能直接认定其原因是唾弃其人格。

郑孝胥曾以诗题沈曾植易箦联："蹀躞意未敛，沉吟神更遒。九原如可作，下从忠端游。"[②]"忠端"是清代乾隆皇帝追赐黄道周的谥号。当然，如果孤立地读这首诗，未必一定指沈曾植对黄道周书法的取法，也可以指向黄道周人格，因为明末黄道周气节忠贞，其人格为清末遗老所景仰。但如与王蘧常回忆乃师取法路径之语相对照，则郑氏尾句所指亦当涵盖沈曾植书法取法。王蘧常说："先生晚年自行变法，熔碑帖于一炉，又取明人黄道周、倪元璐两家笔法，参分隶而加以变化。于是益见古健奇崛，'宁拙毋媚'，自具风貌。"[③]

郑孝胥1914年9月22日日记载友人（罗笃甫）以所藏黄道周小楷《孝经》等来求题跋，又记"旭庄携黄石斋信札一册来观"，上有何绍基等人题跋，何绍基跋"谓石斋书法根巨晋人，兼涉北朝，刚劲之中自成精熟，迥非文、董辈所敢望"。郑孝胥并记下自己对黄道周书法的评价："黄忠端书实有异趣，米老所谓'二王以前有高古'者，观此可不为王著所朦矣。"[④]

沈曾植确曾属意于对黄道周、倪元璐书法与钟繇、索靖之比较，如1920年曾为李宣龚所藏黄道周尺牍题诗，即《题黄忠端公尺牍》六诗，其中前五首是咏黄道周生平事迹，只有第六首是评述书法："笔精政尔参钟、索，虞、柳拟焉将不伦。微至祗应元璐会，《拟山园帖》尔何人！"[⑤]自注写道："姑摭畸誊成六绝句，以应其请。"对此诗应从两方面理解。一方面，从诗的情况看，大体属于应酬之作，可见黄道周尺牍留置斋中几月，未必是主动借

① 成联方：《朱熹对沈曾植书法的影响》，《中国书法》2016年第6期，第50页。
② 郑孝胥：《郑孝胥日记》，中华书局，2016年，第1949页。
③ 王蘧常：《忆沈寐叟师》，《书法》1985年第4期。
④ 郑孝胥：《郑孝胥日记》，中华书局，2016年，第1531—1532页。
⑤ 沈曾植：《沈曾植集校注》，钱仲联校注，中华书局，2001年，第1342页。

观，更像是藏家携以求题，所以无法将此作为沈曾植晚年用功于黄道周书法的例证；另一方面，诗中也确实反映出沈曾植的书法观点。

沈曾植由黄道周书法而上追其取法，直接参习钟繇、索靖，同时指出世人认为黄道周师法虞世南、柳公权的观点殊难成立，而黄道周与倪元璐（号元璐）之间又有着笔韵精微层面的相通，书法成就远超王铎之上。沙孟海对沈曾植此诗评价甚高，认为"从来评石斋书，无如此诗允惬"[①]。

尽管学者多由前述王蘧常回忆乃师晚年自行变法称取法黄道周、倪元璐，而简单地认定沈曾植晚年书法受到黄道周、倪元璐书风极大影响，但如果认真对照沈曾植与黄道周、倪元璐书法面貌，其间的距离其实不小。沙孟海或许亦看到这一点，所以他的观点显得极"变通"："他晚年所取法的是黄道周、倪元璐，他不像别人那样死学，方法是用这两家的，功夫依旧到钟繇、索靖一辈的身上去，所以变态更多。"[②]既认定沈曾植晚年取法黄道周、倪元璐，而不死学，自然指其并未写像这两家，只简单说"方法是用这两家的"，但问题是黄道周、倪元璐这两家的方法又具体指什么方法呢？沙孟海文中没有交代。

客观而言，沈曾植对黄道周、倪元璐书法应是有所属意与接受，而是否有取法之刻意，以及取法程度之深浅，在其晚年作品中并无太多呈现，而主要呈现为书法的精神气象。至于沈曾植晚年的书法有像黄道周那样的整体呈右上欹侧态势，像倪元璐那样的用笔杀纸或偶尔逆锋入纸，其实未必直接取法于这两家，毕竟前代碑帖中比黄道周、倪元璐这类字势、笔法更为典型者并不少见，大可不必在黄道周、倪元璐两家胶柱鼓瑟。

## 三、辨析"沈曾植晚年全得力于此"真义

为何当代学者众口一词地认为沈曾植晚年书法主要取法黄道周、倪元璐呢？从学者们有关沈曾植晚年书法得力于黄道周的观点所依据的资料可以发现，其主要来源，即学者们不约而同所乐于引用者，是黄濬《花随人圣庵摭忆》中的片段：

> 石斋书法，实掩华亭。……近来沈曾植晚年全得力于此，学人所共识也。[③]

既称"晚年全得力于此"，且为"学人所共识"，可见其下语相当确凿、肯定，但疑问也随之而来：审视沈曾植晚年书法样貌，实在难觅黄道周书法影子，何言"晚年全得力于此"？纵然当代学者未尽认真对照沈曾植与黄道周书法面貌，负有失察之责，但既是袭引黄

① 沙孟海：《黄石斋商刻经义手札册跋》，载沙孟海：《沙孟海论书文集》，上海书画出版社，1997年，第424-425页。
② 沙孟海：《近三百年的书学》，载沙孟海：《沙孟海论书文集》，上海书画出版社，1997年，第52页。
③ 黄濬：《花随人圣庵摭忆》，载华人德主编：《历代笔记书论汇编》，江苏教育出版社，2001年，第591页。

濬之语，则黄濬因首出此语亦难辞其咎。于是，有必要对黄濬原文进行审视和分析。

为完整理解原文意思，将黄濬《花随人圣庵摭忆》有关原文摘抄如下：

> 黄石斋有《论书》卷子，……首节云："作书是学问中第七八乘事，切勿以此关心。……余素不喜此业，只谓钓弋馀能，少贱所鄙，投壶骑射，反非所宜，若使心手馀闲，不妨旁及。……人读书先要问他所学，次要定他所志何志，然后渊澜经史，波及百氏。如写字画绢，乃鸿都小生孟浪所为，岂宜以此溷于长者？……老大人著些子清课，便与孩子一般；学问人著些子伎俩，便与工匠无别。然就此中有可别人入道处，亦不妨闲说一番，正是遇小物时，通得大路也。"
>
> ……石斋书法，实掩华亭，观其论断若此，信非董鬼之乡愿可比。近来沈曾植晚年全得力于此，学人所共知也。①

这样便可明白黄濬是将沈曾植与黄道周在何种层面上做比拟。前面引黄道周论书语，可知黄道周不仅将书法视为"学问中第七八乘事"，即其所作论书文字，亦不过是就"此中有可别人入道处"，达到"遇小物"而"通得大路"（即悟通大道）的目的。"别人入道"，即以与他人不同、为自家所独有的方式通往大道。可见，黄濬所说"沈曾植晚年全得力于此"，是指沈曾植晚年与黄道周一样，借书论而"别人入道"，即以书学与研究为助力，虽不以成就书法为目的，最终在众多书家中出人头地，并且这一点是当时"学人所共知"的。黄濬所述本意，与当代多数学者所艳称之"沈曾植晚年的书法主要取法黄道周"的论断全无关涉，显系后人误读，非黄氏之过。

试推其致误原委，应是这样的：当代学者多难以理解前人将书法作为学问之余事的理念，却从黄濬这一则笔记而断章取义，遂截出"石斋书法，实掩华亭。……近来沈曾植晚年全得力于此，学人所共知也"之片语，而认定沈曾植晚年主要师法黄道周的错误结论，殊不知被忽略掉的中间部分乃是关键点。此盖由一人率先误读而写入论文，后面的学者习焉不察而乐于征引，于是此说竟渐渐成为定说。

前述张宗祥《论书绝句》中评述沈曾植书法，指出沈曾植师法的对象为章草及吴让之、倪元璐、欧阳通，以欧书为"平生得力"，而未言及黄道周。此亦可见黄道周书法并非沈曾植晚年书法取法的"必选项"。易言之，在书法作品层面，沈曾植晚年书法取法对象甚广，或也包含黄道周在内，但远不到"主要"的程度。

同样，沈曾植对倪元璐的书法取法，即如张宗祥"元璐一篇藏枕箧"所言，应亦主要发生在爱看的层面上，并非必然进行过对倪帖的临摹学习。

---

① 黄濬：《花随人圣庵摭忆》，载华人德主编：《历代笔记书论汇编》，第590—591页。

黄濬《花随人圣庵摭忆》公开发表于1934年之后①，在他之前，关于沈曾植的书法取法，王国维已有诗赞道："古意备张、索，近势杂倪、黄。"②明确指出古之张芝、索靖与明代倪元璐、黄道周四个书法楷模。也应看到，王维此语既是诗体，限于句式、韵脚，举其大略言之而已，概括难免发生欹偏。

## 四、结语

有关沈曾植晚年书法主要取法黄道周（也包括倪元璐）的说法，由来已久，前人写书作文多以文言或半文言，行文简约，当代学者爬梳书法文献，得见前贤论述，辄以为不刊之论，而不去做客观深入的推敲。在此前提下，极易将前人的论述断章取义而生出谬解，本文所涉及的当代学者乐于引证的黄濬之语即是鲜明一例。一旦查验完整原文，理解其根本，则已成共识之误读便如汤化雪，纷然而解。

如欲减少、避免这类由误读文献而发生舛误的情形，书法、美术研究者其实享有便利。在研究、尊重文献的同时，亦保持对作品样貌、风格特征的清醒意识，则当在第一时间即可发现所论述的作品的创作层面情节与文献不能相符，继而对文献做出全面、理性研判，便可在很大的程度上避免错误的发生。

**本文作者**
王谦：山东艺术学院

---

① 《花随人圣庵摭忆》最早于1943年成书，原稿于1934—1937年先后在《中央时事周报》《学海》连载。
② 王国维：《有梦得东轩老人书醒而有作，时老人下世半岁矣》，载《观堂别集诗》。

# 明清绘画笔记散见书法史料的学术价值

丁少帅

## 一

所谓"笔记",上可追溯到魏晋之时,是时以志怪小说为主,描述主体也多繁杂而无目的。文章长短不一,叙述不拘方向,内容或亲眼得见,或道听途说,随时记录。故而目录学中并不将笔记史料看作是一种单独的类型,清代学者在编纂《四库全书》时把笔记史料分门别类纳入"杂史""杂家""小说家"之中①,是传统史学家对笔记史料认知的集中体现。笔记自魏晋稍见发扬外,在唐代经历极大发展。题材也由以志怪为主,变成兼杂野史、琐言、学术的文人笔谈。陈寅恪称唐代笔记具有通行之真实②,如此记载亦广泛适用于其他朝代的笔记史料之中。唐代之后,宋代文人团体兴盛,市民阶层出现,笔记发展更加迅猛,"笔记"一词被首次以连缀的方式进行运用,自后"笔记"广泛运用到宋人文献之中。

明清笔记小说的发展继承了唐宋的特点,无论在数量上还是质量上,均在原有基础上有所提升。明清较有名气的笔记史料,基本都有关于书法史料的记载。近代华人德先生主编的《历代笔记书论汇编》一书,对笔记史料中书法文献的搜集,具有筚路蓝缕之功。张小庄先生则于近年来,相继完成了明清两朝书法史料、绘画史料的搜集工作,相比于前人,他所下的功夫更多,文献来源以及史料搜集都大有补充。

近代以来,学界对笔记史料的运用越来越多,专业性的笔记史料汇集也陆续出版,比如上海古籍出版社的《历代笔记小说大观》丛书、江苏广陵古籍刻印社的《笔记小说大观》、中华书局的《历代史料笔记丛刊》、大象出版社的《全宋笔记》等。相关的理论作品成果如雨后春笋般涌现出来,弥补了中国文

---

① 姚继荣、姚忆雪:《唐宋历史笔记论丛》,民族出版社,2016年,第15页。
② 陈寅恪:《唐代政治史述论稿》,上海古籍出版社,1980年,第84页。

献学及史学、史研究的部分空缺。然而，具体到对书法史料的研究上，成果则寥寥无几，除了少数书籍、论文中有转引笔记史料外，仅可见赵阳阳的《明代书学文献研究》、耿明松的《明代绘画史学研究》、傅慧敏的《清代绘画史学研究》有设专题讨论，另有邱文颖的《一斋一世界：明代江南文人书斋与书事》，通过明代54种笔记史料作者籍贯的考察，得出其中39位长期旅居于江南地区，比例占72.2%，可谓终明一代之文化，皆仰给于东南。①但该书主旨并非在于解读明清笔记史料，只是对笔记史料的具体应用。书法文献学的建设一直是学科建设过程中较为薄弱的层面，针对笔记文献的考量与研究，一直缺乏关注度。而这些汇编文集多被看作是工具书加以使用。专文讨论者，仅见夏雨婷的《从李日华笔记文献看其书法品评》、张小庄先生的《清代笔记、日记中的书家传记史料》二文。

张小庄先生近来出版明清笔记中书法、绘画史料、文献共有三部，是通过对明清文献的搜集，分类为书法、绘画两种类型，将主要记载绘画的文献，编入绘画史料之中；主要记载书法的文献，则编入书法史料之中。明清笔记中，许多书画资料或单独记载某一作品、人物、事件，或书画杂录。因此，许多编入绘画史料的文献中的笔记资料，有不少关于书法的记载。与其将这些史料叫作绘画史料，倒不如称为书画史资料来得更加妥帖。自明代开始，合编形式的著作越来越多，书画杂录现象的出现，标志着书法与绘画在文人心中呈现出难以分割的紧密性。

二

明代笔记小说的发展，学界普遍认为可以划分为前后两个时期，中间以万历时期为界限。前期主要表现于政治控制严苛，文坛领域内受到八股文的牵制，总体发展势头受阻。晚明时期则截然相反，人们思想活跃，士大夫阶层的文学创作层出不穷，受经济的刺激与影响，大量的民间文学诞生。对于笔记的体裁内容来说，也为社会百姓所普遍需求。因而许多为求牟利的书贾，大量融合前人旧闻，制作伪书，托之名人。据郑宪春先生《中国笔记文史》一书统计："明代纂有2部以上笔记者，共有54人之多，撰有5部以上笔记者，多达12人。"②这里面不少是托伪他人姓名的"作品"，诸如项元汴《蕉窗九录》等书。即便这样，明人在笔记体小说中的贡献也是极大的，其中不少文人都有笔记资料流传。

明代绘画笔记中的书法史料，顾名思义是对明代以来，书画史杂录现象的分析。这类书画史料，不但在主体上论述了书法与绘画两种艺术密切联系，还将古代艺术思想中要求一致的地方，精练地加以总结，比如在书画之间对韵、态、意要求的问题上，完全是将书画共用的语句、语境进行汇集，把古代文人对书画要求及艺术追求，淋漓尽致地展现出来。陈

---

① 邱文颖：《一斋一世界：明代江南文人书斋与书事》，山东画报出版社，2014年，第153页。
② 郑宪春：《中国笔记文史》，湖南大学出版社，2004年，第503页。

继儒在《太平清话》中说："故古人金石钟鼎隶篆，往往如画。"①又如曹昭《格古要论》中讲："常见赵魏公自题己画云：'石如飞白木如籀，写竹应须八法通。'正所谓书画一法也。"②清人画论专著《过云庐画论》中也讲到通"六法"者必然精通于"八法"。"六法"是画学技巧，"八法"则是书法中讲到的"永字八法"。③此类种种，均是将书画看作相互关联的整体。当然，古人对于书画准则的各项要求，或许有细微的差别，如董其昌谈书画先后生熟的情况，便不完全一样。但整体来看，两者并无较大差距，古代对于书画的各项要求，共同构成文人对于艺术作品所赋予的外在价值内涵。显然书画在审美、认知、气韵、格调等方面并无严格区分。

明代笔记中的画论史料繁杂，类型涉及专门叙述绘画作品、绘画技法、绘画人物介绍、绘画典故纪闻等。侧重点多有不同，其中叙述涉及书法史料的文献，则更为分散，叙述类型也可分为书画审美要求、书画技法表达要求、书画作品流传情况、画作书法题跋等。由于主旨是对画家及画学资料的描述，所以专门对书法碑版作品、书家、书学思想的介绍，则难以在此类文献中得见。然综合分析，画学笔记文献中对书法的着墨之处，多集中在以下几点。

（一）书画小艺及书画存祸的反思

书画作为艺术门类的一种，向来为儒学家所不耻，认为是小艺，而沉溺于小艺之中，则会带来无尽祸端。因此，在中古时期文人士大夫所写的笔记史料中，存有的不少资料中透露了文人对书画作品的态度，仍是以一种比较极端或带有歧视的眼光看待。时代越早，对书画的歧义和贬低就越明显。随着时代的发展，君主逐渐喜好书画，文人士大夫也以此称名。元人刘敏中就说："书，一艺耳，苟学者皆能之。然求其所以得法而尽变化，卓然有成，以自立于世者，盖百年之间，仅不过三数人而已。诸帖之行于今者可考也。吁！书亦难矣哉！"④文人心态已经发生改变，并逐渐认为书画是一件十分考验"天得之性"的艺术，往往需要"无一画之违于理"，且"非其胸中贯之以天下之书，而充浩然之气"，就不能达到"意态横出，不主故常"的样貌。⑤因而明代笔记史料之中，出现两种对立的观点：一种是以传统观点为主，坚持书画为小道；另一种则是引入宋元之后文人对于书画的新态度，坚持"以书喻人"的观点，认为书画非简易之所能为。

随着文人对书画的喜爱，收藏热逐渐兴盛。到了明代，书画收藏已经彻底走向成熟，不仅有着一套十分成熟的买卖交换方式，并且产生了一批家资丰厚的收藏家，这些收藏家大多会在古书画作品中留存自己鉴赏的痕迹，有些收藏家可能会在书画作品后写下跋文，有些则会专门将品鉴的感受以文字的形式记载下来。不少记载便以笔记史料的形式流传下来。收藏

---

① 张小庄、陈期凡：《明代笔记日记绘画史料汇编》，上海书画出版社，2019年，第299页。
② 张小庄、陈期凡：《明代笔记日记绘画史料汇编》，上海书画出版社，2019年，第9页。
③ 俞剑华：《中国历代画论大观·清代画论》，江苏美术出版社，2017年，第184页。
④ 刘敏中：《题山谷草书》，载李修生：《全元文》（卷11），江苏古籍出版社，2000年，第429页。
⑤ 同③。

书画作品，大抵可分为两类：一类是国家政府内库收购者，另一类是私人收购者。国家政府内库收购者有比如郎瑛《七修类稿》中载："书画古玩，自有国而言，至宋徽宗之世，可谓极备，观其《书谱》《画谱》《博古》《考古图》可知矣。惜乎胡骑一人，零落漫毁，百不存一。自家而言，一聚此物者必然败去。岂非物之美者人心所在，鬼神临之，大有大异，小有小异，不可聚此以为子孙可常守也。"①可见，国家政府内库收购者大多会随着政权的更迭与战火的荼毒遭到毁坏。程涓《千一疏》就记载了明代以前出现过的几次大规模的书画品集中散佚的具体情况，在文中程涓肯定了珠宝玉器与书画名迹一样，都是不可多得的珍宝。有时候对这些珍宝的目遇都是可遇而不可求的事情。关于私人收购者，明代甚多，甚至有些富贵人家会将书画作品陪葬于墓中，如李日华《六研斋笔记》有载录"吴兴向氏"收藏始末及祖若水墓中葬有贮所爱书法名画，以及谢肇淛《文海披沙》载录书画四失，即"或死于水火，或遭于兵燹，或败于不肖子孙，或攘夺于有力势豪"②，明代盛行以书画作为陪葬品，而这些陪葬品基本完全毁掉，腐烂不可辨。徐应秋《玉芝堂谈荟》总结了书画遭遇的"六厄"，谢肇淛《五杂俎》则将其概括为"七厄"。明代笔记史料中有大量对书画遭厄及家藏书画遭损毁的记载，一部分针对古代的收藏，另一部分则与明代当时的收藏息息相关，诸如项元汴、李日华等收藏家家族的衰落，均有涉及。

**（二）人品与书画的关系**

古代文人对"以书喻人"极为重视，以至在画论资料中反复提及，试图影响画家，达到"以画喻人"之目的。明代笔记文献中对此描述甚多，如陈继儒在《岩栖幽事》中讲："徽宗画、高宗字，至不能与苏、黄诸臣争价。翰墨尚如此，况立德者乎？"可以看出徽宗、高宗两位皇帝书画水平不及苏轼、黄庭坚的情况，被后人加以阐述，建立于道德模板之上，赋予道德内涵。李日华于《紫桃轩杂缀》中则说："姜白石论书曰：'一须人品高。'文徵老自题其米山曰：'人品不高，用墨无法。'乃知点墨落纸，大非细事，必须胸中廓然无一物，然后烟云秀色与天地生生之气自然凑泊笔下，幻出奇诡。若是营营世念，澡雪未尽，即日对丘壑，日摹妙迹，到头只与髹彩圬墁之工争巧拙于毫厘也。"③陈全之在《蓬窗述》更加直接讲到书法与人品的联系，同时又提到绘画与诗文也受到这种风气的影响，其说法来自《梁溪漫志》："论书当论气节，论画当论风味。凡其人持身之端方，立朝之刚正，下笔为书，得之者自应生敬，况其字画之工哉！东坡先生作枯木竹石，万金争售，顾非以其人而轻重哉！如崇宁大臣以书名者，后人往往唾去，故东坡作诗，力去此弊。"④虽为援引，但也能代表陈全之及明代绝大部分书画家的看法与认知。明代笔记史料在论述的过程中，极为重视人品带给书画作品的潜在价值，因而对于宋代继承心画理念之后，所提倡的"以人喻书"

① 郎瑛：《七修类稿》，上海书店出版社，2001年，第185页。
② 张小庄、陈期凡：《明代笔记日记绘画史料汇编》，上海书画出版社，2019年，第493页。
③ 徐中玉：《小品笔记类选》，广东人民出版社，2019年，第352页。
④ 费衮：《梁溪漫志》，骆守中注，三秦出版社，2004年，第201页。

继续加以发扬。自明代起，针对书法与人品的关系，已经拓展到书画诗文与人品的关系，其理念与范围均有所扩大。

### （三）书画合一的理论深入人心

书画一体的观念自唐至明清（其说始于唐），都是讨论的重点。在明代笔记小说中也有所涉猎，如何良俊在《四友斋丛说》中谈道："夫书画本同出一源，盖画即六书之一，所谓象形者是也。《虞书》所云彰施物采，即画之滥觞矣。古五经皆有图。"[①]书画最早可能出自相同的母体，由于书法逐渐摆脱了单一象形的语言准则，而导致两者走向相对独立的道路，以至于后来完全分离为不同表达方式的艺术学科。相较于西方文字与绘画有着巨大差别外，中国书画仍然保留两者取法通源的地方，因此古代书画家一直努力倡导贯通书画艺术的情感，融为一体。正如范增先生所说的那样："书画本源，依我看，不是甲骨纪事，不是文字象形，这源是指本源，指艺术创作中最本质的源——自然，它是天地不言的大美所在。"书法领域内的墨色变化应该就是借鉴于绘画之中的方式与手段，绘画中的许多用笔、形状都是取法自书法艺术中的字形构造。书画联系看似中断，却始终是建立在不断相互完善的基础上进行。明代涉及书画内容的笔记中有不少强调关于书画"源流本一"的看法。如陈继儒在《太平清话》中就说："画者，'六书'象形之一，故古人金石钟鼎隶篆，往往如画。而画家写山水、写兰、写竹、写梅、写葡萄，多兼书法，正是禅家一合相也。画用焦墨生气韵，书以用淡墨生古色，此又禅家宾主法也。"[②]这种看法便认为，书画都是在相互吸收对方的语言表达方式下进行的，在互相吸收的过程中又保持相对独立的因素。书画合一的理念，广泛分布于书论、画论之中，笔记史料中继承相关理念，进一步阐述，使书画合一的看法得以健全、丰富。

# 三

清代的笔记史料相较于明代的，数量又有所增加。据学者统计，清代画史史料通史题材作品共有8部、断代史作品有16部、笔记体画史资料有10部、地方画史资料有10部、其他专史文献有5部、官修著录体史书有7部、私修著录体史书有49部、汇编著录体画史有4部。[③]其中笔记体画史资料，是指以笔记方式进行撰写的画论资料，这样的资料类似于宋人米芾的《书史》《画史》两本著作，并非完整的叙述系统。具有明确的纪事年代、体例明确的书画史论著则不在此范畴之内。明清相关的书画论资料，都可笼统地归纳为三类：第一类是纯画论、书论资料。主要表现在含有一定的排他性，画论资料中一般缺少书法史料的记载，在纯书论中也很少有关于绘画的资料存在。第二类就是书画题跋或书画论这样的著作，此类资料

① 上海书画古籍社编：《明代笔记小说大观》，上海古籍出版社，2005年，第1098页。
② 张小庄、陈期凡：《明代笔记日记绘画史料汇编》，上海书画出版社，2019年，第299页。
③ 傅慧敏：《清代绘画史学研究》，山东教育出版社，2018年，第170页。

保留大量的有关书画技法或是书画品评、书画作品版本鉴赏、书画断代考证的记载。第三类是明清书画家所留存的笔记、日记中的书画论资料。清代的笔记史料相对于明代的来说，叙述准则与方向上并无太大变化，针对具体的书画理论观念的阐述则稍有改变。这种原因在于清代碑学兴盛，产生对"二王"经典趋于"媚俗"的反思，清人绘画则在"四王"的影响下，始终没有掀起"反传统"的批判。清代书画理论在一定层面上出现审美意趣的差异化。尽管如此，清代笔记中的主流论调，仍然保持书画一体的原则。

清代笔记史料的叙述原则与内容，可以分为以下几类。

（一）书画作品风格水平的对比

在笔记中对同一书家进行不同艺术间水平高低的比较是常有的事情。进入清代以后，文人同时擅长书画两门艺术者也越来越多。因此在笔记中对人物的评述，添加了对书画作品高低的讨论。如王弘撰《山志》说："世以赵承旨书为集大成，盖其用工勤而且久，无一笔不有所自来，但比之画道，即居神品，非逸品也。若其画，则胜于书。"[①]在通晓书画的文人眼中，书画水平的高低，决定了其对艺术作品所持有的基本态度。还有不少作者是直接将书法的技法运用到绘画上面，如清人宋起凤《稗说》载："萧君讳云从，字尺木，崇祯乙卯举江宁乡副第一人。君擅诗画，法诸家笔，又妙达音律字学……画备诸法，然往往以篆隶寓笔于山石林木，故落墨疏秀润逼人。四十年前不肯多作，非同调解人，秘惜未尝示。"[②]明人既然已经在大张旗鼓谈及书画一体的观念，便将书画用笔运用于实践，成为清代画家丰富笔法、笔意的主要方式。以此看来，清人的笔记对明人的笔记观念的继承，表现在清代书家对明人观念的不断实践。对古代书画高低的判断，也在清代笔记史料中有所呈现，自魏晋以来，书法地位始终高于绘画，绘画主要以画工为主，书法则因其纪事功能，成为文人的"特权"。到清代以后，绘画地位有所提升。文人本身书画水平的优劣，成为主要评价标准，再也没有其他"政治隐喻"，焦袁熹在《此木轩杂著》中对书画进行比较，认为绘画诞生的时间要早于书法，而书法中象形便是绘画形式的一类，这种说法表明清人对绘画的重视已经渐渐超越书法。民国之后，又加上承继西方教育理念，于是造成了当今书法学科归类到绘画之下的尴尬局面。

（二）清代画论笔记中针对考证的理念逐渐增多

宋人的书画收藏，注重于古器物的考证，直到清代，书画收藏的观念由单纯的"小学"转向"考证与品鉴"共存的局面，成为历史上收藏意识的第一次转化。此外，清代考据学派发展，对于古器物的著录观念有所提升，高士奇在《江村销夏录》中说："今遇真迹，必为存录。"[③]到乾嘉时期，文人对书画作品内容的收录与考证较之元明时期有极大的发展。于是可以看到在清代画史资料中，开始逐渐将鉴别真伪作为书籍内容的主体。具体到笔记小说

① 张小庄：《清代笔记日记绘画史料汇编》，荣宝斋出版社，2013年，第31页。
② 张小庄：《清代笔记日记绘画史料汇编》，荣宝斋出版社，2013年，第41页。
③ 卢辅圣：《中国书画全书》（第七卷），上海书画出版社，1993年，第989页。

中的画论著述，则如刘体仁《七颂堂识小录》中说："赵子固山水卷，疏密横斜，遇纠纷处，目不给赏，真化工也。八分自题'戊午子固'。右三卷，皆少宰物。"①上条资料清晰地记载了此画的大体特征和落款的内容及书体，并且告诉了所藏之地，所谓"右三卷"指的是赵子固《水仙》、王元章《梅花》、杨补之《竹》。"少宰"指的应是孙承泽，据孙承泽跋吴镇《松泉图》云："家有小室，入冬则居之，其中置杨补之所画竹枝，赵子固水仙，王元章梅花三卷。继得吴仲圭古松泉石小幅长条，仿宣和装法改而为卷。余以八十之老，婆娑其间，名曰岁寒五友。"②此处所列与刘体仁《七颂堂识小录》稍异，但孙氏确有"少宰"之称，如王敬哉（王崇简）在《祭孙北海少宰文》云："（孙承泽）年甫六十，营退谷以终老，期老学以自匡。"③黄虞稷、周在浚在《征刻唐宋秘本书目》言清朝初年藏书家中："惟北平孙北海少宰、真定梁棠村司农为冠，少宰精于经学，司农富于子集。"④可证所指无误。之所以不能妄下决断，源自诸画并非一本，以王冕《梅花》为例，明末吴其贞所著的《书画记》，收录了他自崇祯八年到康熙十六年所见的法帖绘画。其中《梅花图》就有两张，一张在"易三伲处"，为长轴，上有倒垂梅。另一张亦是倒垂梅，有"王冕为宜宾茂异戏写"九字，为小幅，上有徐仁题七言绝句，现藏于"扬州通判王公家"。另外，还有《梅月图》、《梅花幽兰图》（绢本）等，但并非一物。⑤由此可以得出结论，孙承泽所藏不仅有赵子固《山水卷》，应该还有赵子固的《水仙》卷。还有如王弘撰《山志》中载："仇十洲《上林图》一卷，临赵千里笔也。予在京兆曾见之，工细之极，非周岁之力不能也。汪文石以善价得之一老兵。今于燕市更见二卷，工细相等，笔力稍逊，神采遂异，盖赝作耳。其一卷，又增写'伯驹'二字为款，刘太史以五十金购去。"⑥由此能得知，汪文石可能藏有仇十洲的《上林图》真迹，而增写"伯驹"为款的想必是赝品中的一幅。并且据"汪卷适在予所"语可知，汪文石所藏《上林图》应该还借过给王弘撰，这对鉴别古字画的真伪有许多帮助。此类文献保留了绘画作品中的书法史料，记载了作品绘画款识样式、内容。其中不少画作中的书法造诣甚佳，如《池北偶谈》评价《平泉图》是"然图画清丽非俗笔，富、赵诸字尤精妙"⑦，皆能说明绘画作品的书法题款、跋文的艺术价值在清代绘画笔记得以凸显出来。

① 张小庄：《清代笔记日记绘画史料汇编》，荣宝斋出版社，2013年，第15页。
② 卢辅圣：《中国书画全书》（第十卷），上海书画出版社，1993年，第41页。
③ 阎崇年：《孙承泽生年考》，载《史苑》（第二辑）1983年第2期，第57-58页。
④ 刘仲华：《清代三位著名的京籍藏书家》，载北京社会科学院社会研究所编：《北京史学论丛》，群言出版社，2015年，第200页。
⑤ 骆焉名：《王冕》，海风出版社，2003年，第120-121页。
⑥ 陈撰：《玉几山房画外录》，载邓实主编：《美术丛书》（第四册），神州国光社，1936年，第113页。
⑦ 张小庄：《清代笔记日记绘画史料汇编》，荣宝斋出版社，2013年，第47页。

**（三）清代不少笔记、日记中存在对古董、文玩鉴赏的记载，其中涉及书画作品者多不胜数**

明代的社会风气有所转变，经济发展带动了时代审美风气的转变。富商巨贾的亭台楼阁里、私人花园中需要大量书画作品用以附庸风雅，文人也常常携带折扇出门。这就导致当时一些关于文房四宝、器物古董的记载陆续出现。自明人喜欢将雅玩之物以笔记的形式写入著作，并诞生了一系列如《长物志》《遵生八笺》《万历野获编》等优秀作品，清人则继承了明代对文玩鉴赏的关注。比如清人笔记中有大量对旧圆扇绘画的介绍，还有关于折扇来源的记述，见者如高士奇的《天禄识余》、周亮工的《因树屋书影》等。钱泳的《履园丛话》则记载了绘画作品鉴赏的评价标准："至真至妙者为上等，妙而不真为中等，真而不妙为下等。"[①]赵翼的《檐曝杂记》则记载了诗、书、画品鉴标准的差异性："诗看用事，字看用笔，画看用墨。"[②]除此之外，清人笔记中记载了书画文物流转、收录的情况，如钱泳的《履园丛话》中记载"吴杜村先生名绍浣""家有颜鲁公《竹山联句》，徐季海、朱巨川告，怀素《小草〈千文〉》，王摩诘《辋川图》，贯休《十八应真像》，皆世间稀有之宝"[③]。吴绍浣，字杜村，号秋岚，家藏颇丰，事迹见于《扬州府志》[④]。其与钱泳关系密切，嘉庆初年，钱泳曾多次前往吴绍浣家中做客，绍浣视其为乐事。钱泳居住吴绍浣家中，经常互相谈论书画作品，对吴绍浣家中所藏多有知悉。吴绍浣所藏怀素《小草〈千文〉》是其在乾隆五十一年从京城购得，后献给毕沅，颜真卿的《竹山联句》则为毕沅旧藏，在毕沅病故后，悉归于吴绍浣手中。[⑤]还有如阮元的《石渠随笔》则讲到萧云从山水卷，"笔墨终觉枯涩，无余味，款字亦少腴润之气"[⑥]。对萧云从山水画卷的鉴赏，涉及对其书法水平的评骘。萧云从，字尺木，号默思。《芜湖县志》曾载："人谓将诞之夕，其父梦郭忠恕先至其家。"[⑦]意为前身便是画家。萧云从擅长山水画，在其家乡芜湖、当涂等地十分具有影响力。以至于独成一脉，成为姑孰画派的创始人之一。[⑧]清代画论笔记中还有记载各类笔、墨、纸、砚的情况。王士禛的《居易录》、王培荀的《乡园忆旧录》、郎瑛的《七修类稿》均有提到书绘以澄心堂纸为之的记载，《居易录》中引《画继》，所讲李伯时画作，多用澄心堂纸绘制，"不施丹粉，不用缣素"，称倪云林多仿照其法。[⑨]还有提到近时皮纸、竹纸使用情况，更有甚者，会详及哪些纸张便于绘事，哪些纸张便于书事。

---

① 张小庄：《清代笔记日记绘画史料汇编》，荣宝斋出版社，2013年，第197页。

② 张小庄：《清代笔记日记绘画史料汇编》，荣宝斋出版社，2013年，第142页。

③ 张小庄：《清代笔记日记绘画史料汇编》，荣宝斋出版社，2013年，第196页。

④ 赵翼原诗，王起孙著，王迎建点校：《瓯北七律浅注》，苏州大学出版社，2015年，第334页。

⑤ 范金民：《明清江南文化研究》，江苏人民出版社，2018年，第393页。

⑥ 张小庄：《清代笔记日记绘画史料汇编》，荣宝斋出版社，2013年，第218页。

⑦ 何秋言：《萧云从实景山水画研究》，东北师范大学出版社，2018年，第108页。

⑧ 林铁生：《明代绘画》，河北教育出版社，2012年，第144页。

⑨ 张小庄：《清代笔记日记绘画史料汇编》，荣宝斋出版社，2013年，第57页。

**（四）书画品鉴意识增强，对魏晋隋唐以来品阶的使用，重新登上历史舞台，从书画学论著及笔记史料中皆能目睹**

书画品级自唐宋之后，已经较少使用，原因在于诗、书、画的品级分类来源皆与魏晋施行的九品中正制有关。但宋元之后，九品中正、九品官人选人的方法已经较为遥远，后世便少有再以定品级的方法，对作品优劣进行评述。品级的顺序不是一成不变的，俞樾在《九九销夏录》中说："定为神、妙、能、逸四品，后来者咸宗之。"①不完全准确，比如包世臣就增"佳品"，康有为便增"高品""精品"。王海军在《中国古代书法品评理论》中说："宋代以来，分品式品评除了表达的语言、观念、范畴等，以及选取的目标、方针的对象有所不同外，在品评体制上仍基本遵循着固有的模式，并没有实质性的新突破，所以只能算早期品评模式的一种惯性延续。"②品评体制走向下坡路的原因在于：一是确定"品级"的母体"九品中正制"的瓦解；二是品级的观念并不利于书画家作品的完整体现，有时候还会出现争议，这种争论在姚最《续画品录》中已然有所呈现；三是虽然书画定级在某些具体的理论中，其名称有所调整，实际仍摆脱不了晋唐已经成熟的"神、妙、能、逸"的框架，如此便导致出现理论上的停滞。清代之后，书画定级的问题再次出现，除笔记史料外，同样在一些书学、画学论著中亦能见端倪，可相互呼应。如《艺舟双楫》《广艺舟双楫》皆有对书家作品等级进行分类的情况。绘画则开始注重"逸品"往上，超乎绘画本身艺术状态和人文效应的表现。龚贤《跋〈仿巨然山水轴〉》语："故画家有神品、精品、能品、逸品之别。能品而上，犹在笔墨之内，逸品则超乎笔墨之外，倪、黄辈出而抑，且目无董、巨，况其他乎？"③倪元璐、黄道周名盛，便目无董源、巨然。若似"北宗"一脉，似乎能用"逸品则超乎笔墨之外"的评价来解释董其昌之后"南宗"的树立，和"北宗"在"神、妙、能、逸"评价体系内所处的尴尬地位。明清绘画家想要通过复立"品级"的形式，将一些"传统"打倒，或以此树立另外的权威。《艺舟双楫·国朝书品》中认为，民间偶尔发现无名招牌，"其书优入妙品，询之不得主名。"④正是根底于此。俞樾，字荫甫，号曲园居士，道光年间生人，擅隶书。他生活的年代，碑学兴起，帖学思想衰微。然而他本人不完全以碑学为崇，认定帖学非是，而是依照自己深厚的学识，实践于汉碑当中，融合碑帖，自成一体。所以他在《九九销夏录》中认为画品无定则，明人王穉登认为沈周的作品应当选入神品，唐伯虎、文徵明绘画应当选入妙品。但李开先则将沈周与唐伯虎等人一并降到第四等，故而古今书画并无定论，更无谁是谁非，欧阳询、颜真卿、柳公权的书法，世无非议，但在米芾眼中则认为是俗品、恶札之祖，亦不能以此认为米芾所论为误。⑤俞樾的观点，以绘画品级的

① 张小庄：《清代笔记日记绘画史料汇编》，荣宝斋出版社，2013年，第398页。
② 王海军：《中国古代书法品评理论》，山东教育出版社，2018年，第101页。
③ 彭莱：《古代画论》，上海书店出版社，2009年，第351—352页。
④ 包世臣：《艺舟双楫》（艺林丛刊本），中国书店出版社，1983年，第88页。
⑤ 张小庄：《清代笔记日记绘画史料汇编》，荣宝斋出版社，2013年，第399页。

"从无定论"，延伸到书法之中，在晚清以倡导碑学而"贬低"帖学风气内无疑是一股清流。

　　明清时期的笔记中，还有一方面值得注意：在绘画史料的描述中，主要集中对明清时期之前绘画作品及明清时期绘画风格观念的记载；在书法史料的描述中，则在此基础上，加入对风格意识变动的认知，即书法笔记中已经存在早期崇尚碑学思想的萌芽，晚明、晚清两个时期，书法创新意识对书画理论的冲击，这些都在笔记小说中有所体现。总之，明清时期的笔记内容丰富、叙事广泛，具有极高的史料价值，学者在研究的过程中不应有所忽视。

**本文作者**

丁少帅：绍兴文理学院兰亭书法艺术学院书法硕士研究生

# 怀素书风对良宽的影响

姚彭程

　　怀素，永州零陵（今湖南零陵）人。湖湘书法史上著名的唐代书法家，与张旭并称为"颠张醉素"。其草书用笔圆劲有力，使转如环，奔放流畅，一气呵成，不仅在中国书法史上有着深远的影响，并且对日本书家良宽、小野道风、藤原佐理等有着重要影响。本文讲述学习怀素的日本书家良宽学习怀素的着重点和他书风的继承、创新，以及对比书家作品的异同之处。

## 一、怀素概述

### （一）个人略传

　　怀素生于唐开元二十五年（737），在十岁的时候在零陵书堂寺受戒出家为僧，法号怀素。而在《自叙帖》中说的"怀素家长沙"是一种古人所习惯按古郡望的对外说法。根据《高僧传》记载，怀素的曾祖父钱岳，在唐高宗时期做过纬州曲沃县县令，祖父钱徽任延州广武县县令，父亲钱强做过左卫长史，其从父钱起（怀素之叔）担任秘书省校书郎、蓝田县尉。陆羽《怀素别传》记载怀素的伯祖父释慧融也是一位书法家，他的笔迹与欧阳询的书法可以乱真，所以怀素与释慧融又被称为"大钱师，小钱师"。

　　在唐代的政治、经济、文化空前繁荣的前提下，科举制度盛行，崇王思想达到空前的高度，佛教文化广泛传播，寺庙道庵得以大力修建，怀素突发奇想出家为僧，双亲也阻挡不了，真所谓"猛利之性，二亲难阻"。怀素在《自叙帖》首句也提道："怀素家长沙，幼而事佛，经禅之暇，颇好笔瀚。"

　　怀素自幼对书法有着很深研究，勤学精研，小时候买不起纸张，用漆板代替纸张练习书法，练习再三，漆板已穿，写坏了的秃笔头堆在一起，可以堆成一座小山，被称为"退笔冢"。怀素在青少年时期的书法就小有名气，当时有位朱逵处士，听说怀素草书有名，特地赶来衡阳，拜访怀素，并且赠诗道："衡阳客舍来相访，连饮百倍神转王。"

### （二）唐朝大环境对怀素的影响

受时代的影响，好书之风遍及朝野，怀素的名气也逐渐大了起来，继而交友也十分广泛，永州刺史王邕就是其中之一，他时常会见怀素，一起切磋书艺，王邕还为怀素写了《怀素上人草书歌》，可见王邕对怀素的赏识，并且此诗对怀素的名声传播功不可没。"礼部张公"——张渭是携带怀素进京的人物，对怀素的影响也十分重要。其关键原因是因为张渭的影响力，曾经连续三年以礼部侍郎之职主持当时的科举考试，如果能让这样的人推荐，无疑会使其名声大振。除此之外，邬彤也是怀素成为草圣的重要影响人物之一，邬彤为怀素的表叔，怀素便拜他为师。邬彤给怀素讲解了很多书法技巧，并且将作字之法教给他，让他结合自然界的现象去加以观察、分享、研究，从中得到启发和感受，让他将自己的喜怒哀乐的情感灌输到自己的草书中。怀素在洛阳还遇到了当时最有名的书法大家颜真卿，并向他讨教了很多关于书法上的问题，这是怀素一生中一次重要的机缘巧合。

怀素书法成功之处在于对草书艺术的独特把握，在其"志在新奇"的艺术追求。如果怀素仅是一个勤苦的学书人，仅仅是重复钟繇、王羲之的东西，那无疑会毫不留情地被当时社会所埋没。善于从自然景物中悟得书法的真趣，是怀素书法成功的秘诀，也是足以说明他天分高的一个重要因素。真正懂得发现美的人，往往会在与自然的接触中，因水流花放、云卷月明而得赏心乐事。

广泛交友启发和影响了怀素，他的游历生活不仅开阔了眼界，也给了他更多机会去拜谒前辈。怀素一路游历，经长安、洛阳到达南方，又从湖南一直游历到北方，他的计划差不多都顺利地得以实现，想拜访的名人差不多都拜访到了。大历十一年（776）八月六日，怀素心情不错，心头涌起一股冲动，心想该对自己的半生做一个简单的总结。文房四宝就在眼前，他一边磨着墨，一边回味着自己的经历。他拿起那得心应手的细笔硬毫，饱蘸浓墨，忍不住笔墨飞舞，心绪随着舒缓的笔墨流动在洁白的纸上，创作出了著名的《自叙帖》。《自叙帖》几乎概括了他一生的主要事迹，同时一生中的艺术成就也体现在这醋畅淋漓的笔墨之中，让怀素以"狂草"名世。钱起的一句"狂来轻世界，醉里得真如"，更让人把"狂"当作怀素有别于他人甚或高于他人的一个重要因素。

怀素幼小出家，久在佛门，皈依南宗，以禅悟书，已从早年的"精心草圣"升华到晚年的"廓然无圣"，可谓是一位得道高僧，以他为代表的"佛门中书法艺术的擅长者"的书法也完全可以立派、命名为"佛门书法"，唐代诗文中多称他为"上人""僧中之英"，这就是一个明证。他在中国书法史上树起了一面"狂草大师"的旗帜，但他也仅是一位了不起的僧人艺术家，还不能称他为高僧。怀素是一个不拘佛规、喝酒至醉然后挥笔疾书、狂怪大草的形象。梁农先生在《论怀家之"狂"——兼析狂草创造与思维》一文中认为，怀素的"狂"与"禅"有关，"怀素之狂草与中唐之狂禅互为表里"；怀素之"狂"与醉有不解之缘，酒"能激活书法家的灵感思维"，怀素之"狂"，通常是酒后的兴奋，"怀素之狂，是他先天气质与后天'经禅'之间的连通"，进而认为："一个'狂'字贯穿于他的整个书法实践：经狂禅，好狂醉，作狂书，精狂草。在他那游戏人生的外表下，曲折地展现了他对于艺术的执着追求。"①

## 二、唐朝文化对日本的输出

### （一）留学僧群体的出现

中日两国的发展，其中必不可少的就是留学僧的出现。在相关文献记载当中，日本每次派来中国学习的留学生的人数，有七成以上是留学僧，所以留学僧对中日文化交流有着很大的意义。从两汉以来，经南北朝，中日两国之间一直保持着往来的关系。隋大业三年（607）日本圣德太子（574—622）派使节沟通两国邦交以后，随着两国交往的频繁，日本派到中国的留学生、留学僧的数量也不断增多。日本留学生、留学僧吸收中国的先进文化，为推进日本社会的文化发展做出了重大的贡献。

隋承北周灭佛之后，注重恢复发展佛教，文帝曾敕全国诸州建舍利塔 111 所，并广度僧尼，组织翻译佛经。消息传到日本，对正在兴隆佛法的圣德太子有很大鼓舞。隋大业三年，他派小野妹子到隋恢复邦交的同时，派十几名僧人前来学习佛法。据《日本书纪》记载，有名字可查的留学生、留学僧共13人（其中留学生5人，留学僧8人）。进入唐代，从日本舒明天皇二年（630）至宇多天皇宽平六年（894）的264年间，实际向唐派遣使节16次（另有3次未成行），几乎每次都有留学生、留学僧奉敕随遣唐使入唐。据木宫泰彦《日中文化交流史》所制作的从653年至893年的《遣唐学生、学问僧一览表》，共有138人，其中留学僧、随从竟达105人，占总人数的76%。之所以出现这种情况，是与日本统治者对佛教的认识有关。他们认为佛教是大陆先进文化的复合体或载体，通过输入佛法可以引进大陆先进的文化，促进日本社会的进步，并有助于维护社会的统治。这种情况可以从圣德太子的《十七条宪法》和历代天皇的一些诏书中得以证明。

据木宫泰彦所著的《日中文化交流史》统计，在日本赴唐的留学生及留学僧中，确知姓名的留学生为27人，留学僧为108人。显然，留学僧的人数要远远大于留学生。对此，木宫泰彦的解释是，由于僧人费用较少，且可依靠唐人布施，还可以四处化缘来维持生活，因而多派留学僧的主要原因是为了节省政府开支。但是，如果对此加以考察的话，实际情况则恰恰相反。留学僧入唐后，由于到处巡礼、从师、搜集资料，其所需费用往往要比留学生更多。所以，日本政府多派留学僧入唐是另有原因的。这个原因，应从以下方面来考虑：第一，唐朝国子监名额限制很严，不能多收学生。第二，日本当时崇信佛教，乐于多派留学僧来华留学，输入新起的教派。第三，日本当时虽然经过大化革新加强了皇权，但政权仍为少数世家豪族所垄断，他们不愿培养太多出身不同但又可能参与政权的高级人才，以免对他们的特权地位

---

① 吕凤子：《吕凤子文集校释》，江苏大学出版社，2018年，第397页。

造成潜在的威胁；而留学僧回国后仍继续修行，对政治的影响不那么直接，因而威胁较小。这样，在日本政府的大力倡导和支持下，大批的留学僧便随同遣唐使的船舶一起进入了唐土。

### （二）中国古代书法在日本的传播

在日本遗留下最早的书迹是圣德太子所书的《法华义疏》[①]，显示出草隶的风格和结构。日本书道的历史，应该说是从飞鸟时代开始的。汉字传入的正式记载始于《古事记》和《日本书纪》，也是日本书法历史的正式起步。日本的佛教是由中国传入的，引进了大量的佛经和佛像。在日本书道史上，这应该是予以特别而写上一笔的。在7世纪前可以说只是对中国书法的模仿，缺少了对书法艺术的审美和思想；只是积极引进的态势，缺少了自己的思想以及全面普及的状态。以小野妹子于隋大业三年（607）七月来华谒见隋炀帝为重大事件，标志着日本不再通过百济，而是直接与隋朝和后来的唐朝开始往来、交流。在以后很长的一个历史时期，日本陆续向中国派出大量留学生和留学僧，史称遣隋使、遣唐使。随着这些人的返日，隋唐文化直接输入日本，也直接将中国的书法思想大规模地引进日本，开始了日本全面学习中国魏晋隋唐的书风。

唐景龙四年（710）日本迁都于奈良（平城），而此时日本到了奈良时代，中国此时正处于唐玄宗开元年间的盛唐时期。两国都处于和平年代，并且在之前就有小野妹子去见隋炀帝的历史事件，所以日本有很多遣唐使、留学生、留学僧等渡海赴唐，以及后来鉴真六次东渡日本。两国之间的往来，使唐朝文化输入日本与日俱增。唐朝文化对日本学术和艺术的普及与发展贡献甚大。从书法方面来说，由于唐太宗爱慕王羲之的法书，随着两国交往的频繁，唐朝流行的晋唐书体，特别是王羲之的法书代替六朝书体在日本流行，也是顺理成章的事。

在奈良时代，由于遣唐使的派遣频繁，唐朝文化给日本的政治、学术、艺术等方面带来了极大的影响。奈良时代的书法全面模仿唐朝，到平安时代初期，即"三笔"时期，崇拜中国的风气盛于奈良时代，晋唐的书体甚为流行。但是这期间也出现了具有日本人自己风味的书法，尽管还只是露了个头而已。日本弘仁年间（810—824）即嵯峨天皇执政时期，日本尊崇唐朝文化乃至万事以此为楷模，王羲之书法墨迹由遣唐使带回日本，在奈良时代出现了三位有名的书法家，他们被尊称为"三笔"，即空海（774—835）、嵯峨天皇（786—842）、橘逸势（782—842）。

嵯峨天皇执政之前的书法只是模仿唐代流行的书法而已，没有自己的思想和理论，这也是日本民风淳朴的体现，但空海的出现，使日本自觉地形成了理论性的东西。空海在《性灵集》里谈到的书论当然是继承了汉魏晋唐的书法观，但其中出现了自己的抱负、意见和理论。《性灵集》作为日本书论的滥觞，是一篇有意义的杰出著作。空海已经考虑到不光以临古人旧迹为能事，而是进一步提出注重书法的形质，创造出本土应有的书法风格，要与时代

---

① 饭野世子：《怀素对日本书法的影响》，中国美术学院硕士学位论文，2010年。

同生，必须尊重个性的理念。当然，延历年间是一个富有革新精神的大转变期，而在这种思想变革风潮的影响下产生的思想，也是空海对日本书法传承和创新的一个新的高度和认识。

通过中日两国在政治、经济、文化制度的交往，唐朝文化便不断地传入日本，被日本吸收。从弘法大师空海的《性灵集》可知，唐乾宁元年（894）起，日本便停止派出遣唐使。十三年之后，唐朝灭亡，所以追随和模仿中国的倾向，自然而然地衰弱下来。日本自己的民族文化也必然萌发出新芽。于是日本书法也出现了转折期，形成了日本书体，特点是用笔带有圆转，清淡而柔和，优雅而轻快。当时日本的书法大家有小野道风（894—966）、藤原行成（972—1028）、藤原佐理（944—998），他们被尊称为"三迹"。"三迹"开始发展之后，他们的作品中加入了多元的因素。但日本书体的渊源无疑是唐太宗崇拜王羲之的法书。进入"三迹"日本体时期之后，崇拜王羲之的风潮仍旧丝毫不减，并且也继续研习下去。这大概是因为王羲之的字端正温雅，符合当时日本人的审美，也是后代学习书法的基本范畴。

## 三、日本书法史概括

日本开始受到中国的艺术以及政治制度影响是在隋代，日本进入奈良时代时，中国刚好处于唐代，唐代文化对日本学术及艺术的普及和发展贡献甚大。从书法方面来说，由于唐太宗爱慕王羲之的法书，唐朝的书法家也以王羲之为典范。在当时社会环境的影响下，形成了法度严谨具有庙堂之气的书法风格，行草书较为自由浪漫，追求正锋用笔。在此时期，日本派出了大量的留学生和留学僧。留学生负责学习唐朝的各种文化；留学僧负责参加各种佛事活动，收集各种佛经、佛画、佛具等佛事器物，了解佛教的各种宗派，并且带回很多古籍和法经、法帖。

平安时代初期，即"三笔"时期。虽然他们的字都是以王羲之的书法为基础，但是也添加了唐代其他书法家的结构和笔法。在草书方面的影响主要是"颠张醉素"，从"三笔"当中可以看出张旭、怀素的身影。在奈良时代，中国艺术文化全面传入日本时，遣唐使从唐朝带回日本很多法帖，供人们学习研究。日本平安初期的"三笔"是否学习过怀素，在现存的遗迹和文献上看是不为世人所知的。醍醐天皇和小野道风的部分作品与怀素的书风相似，可以看出二者借鉴了怀素的章法以及笔法风格。

后来随着唐朝灭亡，日本书法开始有了自己的发展，于是日本书法出现了转变，形成了日本书体，但日本书风的渊源无疑是王羲之的法书。当时的书法大家"三迹"开始发展之后，从他们的作品中可以看到与怀素相同的风格和用笔。特别是小野道风和藤原佐里，他们的书写风格与怀素更为相近，延绵书写和一笔书的意识更强，并且章法和笔法都有相似之处。可见怀素对日本草书书风的影响较为深远，也是怀素柔劲的线条和典雅的章法更加符合日本淳朴民风的审美。

江户时代之后，传入日本的中国书法加入禅宗的因素，中国禅宗一派的黄檗宗随隐元法师于1654年赴日传教，为日本书法加入新的元素。这一时期各种法帖的出版风起云涌，据当时出版的书目，很多名家的作品被翻刻，如王羲之、智永、欧阳询、李邕、颜真卿、张旭、怀素、米芾、张即之、赵孟頫、祝允明、文徵明、董其昌、张瑞图等。其中元代的赵孟頫，明代的祝允明、文徵明和董其昌对日本当时的书风影响较大。僧人良宽研究王羲之和怀素，并摆脱他们的束缚，表现出自在的天真气。而良宽是江户时代的书法僧人，良宽主要学习怀素、王羲之以及小野道风的《秋荻帖》，受到怀素的影响最为深厚，但是也表现出自己的书法风格和趣味。

## 四、良宽在草书上的造诣

### （一）如何取法怀素

1. 相同的"使转"笔法

草书当中有一个很重要的笔法叫作"使转"。使，是运笔的单向运动，指横画、竖画、斜画。唐孙过庭《书谱》有言："使，谓纵横牵掣之类也。"转，是运笔的复向运动，凡横直斜画以外的"折""钩""撇""捺"等均属"转"的范围。唐孙过庭《书谱》有言："转，谓钩环盘纡之类是也。"①在怀素和良宽的草书当中，我们看到更多的是"转"。在草书中并没有楷书所说的固定的横、竖、撇、捺，更多的是用圆转的线条表现出草书的流动性，让草书变得更加有艺术性。两位书家的草书中没有很大的顿挫，将其流畅的使转表现得更加淋漓尽致。这与他们的性格有很大的关系，在他们个人的生活当中没有很多悲喜交加的情感，反而更在意运笔挥毫的这个过程，酣畅淋漓的书写展现了"狂来轻世界，醉里得真如"②的书法大家。

在怀素延绵不绝的草书中，使转始终贯穿在他的草书行笔中。使转是书法的运笔方法，主要是对行草书而言，但与楷书也是有关系的。孙过庭《书谱》有言："真以点画为形质，使转为情性；草以点画为情性，使转为形质。"从笔法的内涵来说，使转比其他笔法更丰富，包含的范围更广泛，几乎是行草书笔法的代称。③在孙过庭的《书谱》当中可以看出，在草书当中使转是很重要的范畴。在怀素和良宽的草书当中，都会绕很大的弧线来表达使转及圆劲的线条，可以称之为大圈绕小圈，但是过多的圆转并没有体现出烦琐，反而显得生动自如。两位书家的草书线条都比较纤细，没有较大的墨色浓淡体现，反而将自己线条的韧性和高超的控笔体现出来，表达出草书当中一种较为典雅的感觉，将草书经过省略的笔画和线条的使转展现出特有的形质。

在草书书写过程中，影响使转还有一个因素，即书写速度，主要分为两种：匀速和变

---

① 马博：《书法大百科①》，线装书局，2016年，第167页。
② 耿喜锋：《书法理论与实践》，中国言实出版社，2017年，第202页。
③ 孙过庭：《书谱》，载李乡状编：《草书技法与指导》，吉林音像出版社，2006年，第76页。

速。其中不同速度表现出来的线条质感和整体态势也不一样。特别是书法中对于线条的表现上的匀速（与物理学上的那种可以计算出来的绝对均匀的匀速是有很大区别的，它只是一种相对的感觉）大约表现为两种方式：其一，为快速匀速，如怀素大草《自叙帖》，这种疾风骤雨式的书写速度有诗为证：

粉壁长廊数十间，兴来小豁胸中气。忽然绝叫三五声，满壁纵横千万字。[①]

窦冀在审美上"迟以取妍，速以取劲"，但是"必先能速，然后为迟。若素不能速而专事迟，则无神气；若专务速，又多失势"[②]。

其二，怀素在快速匀速下也不失其体势和章法，表现了他在书写时的"下笔有源"。这也给《自叙帖》加了一份独特的色彩。在表1中，"滞"字将左边的三点水化为一条直线，可以明显地看到"使"；"英"字的笔画为竖画和斜画，这也是"使"的表现；而"贵"字和"度"字也是多用直线和斜线。在"转"中我们可以看到"国"字和"周"字多用到的是圆转，在两位书家对照字当中，怀素的圆转使用得更多一些。

**表1　怀素和良宽在"使"和"转"方面的对照字**

| | | 滞 | 颜 | 岁 | 烟 | 英 |
|---|---|---|---|---|---|---|
| 使 | 怀素 | | | | | |
| | | 鞅 | 晓 | 稍 | 贵 | 度 |
| | 良宽 | | | | | |
| | | 沙 | 家 | 国 | 故 | 兼 |
| 转 | 怀素 | | | | | |
| | | 当 | 能 | 野 | 梅 | 周 |
| 转 | 良宽 | | | | | |

① 姜夔：《续书谱》，载黄简编：《历代书法论文选》，上海书画出版社，1979年，第393页。
② 庆旭：《线条的连接之张旭古诗四帖》，西泠印社，2016年，第24页。

2. 笔势和书势的继承

沃兴华在《书法问题》中指出，书势是点画与点画、字与字之间的联系与呼应，它的内容分为笔势与体势两大部分。笔势即毛笔在连续性书写中运笔的轨迹。每个字都是由点画与点画组合而成的，而点画的连续书写又通过笔势来完成。换言之，完整的书写是从笔画到笔势，从笔势到笔画，再从笔画到笔势，再到笔画……直到书写结束。笔势带动点画之间的关系，同时影响了字形的塑造，它使每个汉字都充满了生机和活力，具有了生命感。[1]沃兴华分析的笔势是由点画和牵丝两个部分构成。而点画相对来说是有局限范围的，每一个点画都有起笔、行笔、收笔，对于篆、楷、隶、行是相通的，但是本文分析的草书是个例外。当一个笔画写完后写下一个笔画，以及一个字写完后写下一个字，会产生牵丝，也就是所谓的连带。在草书延绵书写时，笔画和牵丝进行匀速或变速书写，产生了轻重缓急。再加上草书本身就富有变化，以及书写速度产生的墨色，浓、淡、润、渴、白，使草书书势的表现力大大加强，以及草书当中的俯仰向背，字与字之间的牵丝连带，也会让草书变得更加丰富。

张怀瓘《书议》有言：

> "然草与真有异，真则字终意亦终，草则行尽势未尽。或烟收雾合，或电激星流，以风骨为体，以变化为用。有类云霞聚散，触遇成形；龙虎威神，飞动增势。岩谷相倾于峻险，山水各务于高深；囊括万殊，裁成一相。"[2]

其说明了草书变化多端，跌宕起伏。笔势、书势始终贯穿草书行笔，说明了其势的重要性。

纵观中国草书的发展史，最早提到草书笔势应该是被称为"草圣"的张芝的"一笔书"。"一笔书"主要是指草书书写时，自始至终笔画连接相续，如同一笔直下。研究对比的怀素和良宽的草书也是如此，当然怀素有时字字独立，宛如座钟，但是其笔意是连接互通的。良宽的连带意识更强，宛如瀑布一泻而下。但是他们都有着很强的"一笔书"的笔意和笔势。张怀瓘《书断》有言："字之体势，一笔而成，偶有不连，而血脉不断，及其连者，气候通其隔行。"[3]也表达了草书的笔意和笔势。在草书当中，我们所看到的点、横、竖、撇、捺、折、钩，已经不是像楷书那样规规矩矩的笔画了，似点非点、似横非横等一系列组合线，但是快意的草书在书写的时候产生了新的对象，牵丝、连带线、大圈绕小圈，并且笔画的顺序也发生了改变，通过书写和造势以及我们的生理改变了字的一些规律，让草书变得更加有色彩。

人们称赞怀素的草书，用"奔蛇走虺势入座，骤雨旋风声满堂""寒猿饮水撼枯藤，壮

---

[1] 沃兴华：《书法问题》，荣宝斋出版社，2009年，第13—21页。
[2] 斯舜威：《书法意象之美》，中国青年出版社，2016年，第27页。
[3] 陶明君：《中国书论辞典》，湖南美术出版社，2001年，第279页。

士拔山伸劲铁",形象地描述了他的草书飞动的气势和劲道的笔力。怀素草书的结构布局,或密不通风,或疏可走马,布白(即全篇章法)崇尚大块与小块的对比,逸容而伟丽。上下左右,有呼有应,大大小小,断断续续,通篇稳定,和谐,不拘一格,美不胜收。大诗人李白在一首题为《草书歌行》的诗中这样称赞怀素和他的草书:"少年上人号怀素,草书天下称独步。……飘风骤雨惊飒飒,落花飞雪何茫茫。起来向壁不停手,一行数字大如斗。悦悦如闻神鬼惊,时时只见龙蛇走。左盘右蹙如惊电,状同楚汉相攻战。……张颠老死不足数,我师此义不师古……"①在怀素的草书当中,其线条较为圆劲,会有很多的圆转。圆转也是其快意书写的一种表达,其变化多端的圆转也为其结构造了很多笔势和体势的不同。在一行字当中,会控制两到三个字的重心往一个方向偏移,下面的字会往另一个地方偏移,造成一种动态的势。或者说拉扯,但是这种动态的拉扯并不会使这一行字往一个方向偏,也不会影响到下一行字的书写,这就是怀素的草书结构的精妙之处,字的大小、宽窄都搭配得十分精妙,不会显得很突兀,这也与怀素的禅宗思想有关,给人一种中庸之美。

据有关文献记载,良宽学过"二王"、怀素、黄庭坚的草书以及小野道风的《秋荻帖》。据笔者观察,在良宽所学诸家中,怀素对他的影响最大。在良宽的草书中,我们能找出形、神、韵都很接近怀素的字形。由于怀素草书的线形变化不大的特点,正好类似日本的假名书法,于是良宽把两者结合,如风过水面一样自然地写出了良宽式的草书。良宽的草书纠结而流畅,但没有怀素的一泻千里,奔腾而下。两者都为释家,怀素的草书显得与人世热切,是一种狂放昂扬的充沛气象。良宽则是若隐若现,缥缥缈缈,空寂与高蹈的表现。在用笔上,怀素是笔笔落实,劲气不泄。良宽是似断似续,若即若离。读良宽的书法,会让人产生这样一种幻象。良宽不同于怀素这样一个"飞来飞去宰相衙"的贵和尚,也不同于弘一这样到处都有人供养的应酬和尚,更不同于八大山人这样的愤懑和尚,他与慈云的人生圆满也相去甚远。他是草庵破灶,形如瘠鹤,心如流水。他无奈地寄住于尘世,而绝不向尘世乞讨。他是高傲的和尚、孤独的和尚、苦难的和尚。在良宽的书法中,我们能读到清、苦、寂、空、逸,其中"空"是立脚点,是一切的支撑。②这也显示了良宽对怀素的继承和创新。他继承了怀素柔劲的线条以及独特的结构,创新了一种古劲苍茫、虚无缥缈的书写状态,也因为他的禅宗思想以及生活破烂不堪,并以乞讨为生,营造一种古拙苍茫的整体书风。我们对比图20和图21,怀素的字体势开张更大一些,字的大小变化更加丰富,字体势也变化多端,给人一种揣摩不透的感觉。良宽的字体势波动欹侧较大,笔势连绵不绝,给人一种空灵的感觉。

---

① 《最新爱国教育百科全书》编委会:《最新爱国教育百科全书》,西苑出版社,2012年,第319页。
② 杨谔:《书法要诀》(第2版),苏州大学出版社,2017年,第134页。

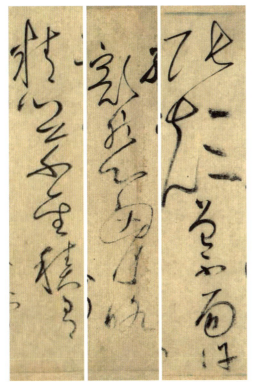
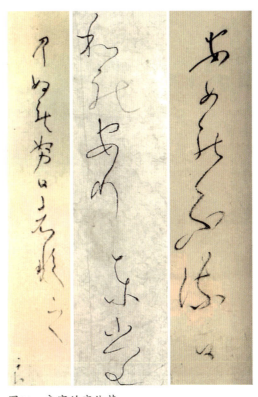

图20　怀素的字体势　　　　　　　　图21　良宽的字体势

3. 开张的体势

　　字体势即为字形姿态，是汉字因左右倾侧而造成的动态。如果说笔势注重字的内部结构、笔势运行轨迹以及上下字之间的关系，那么字体势则注重上下字之间的关系、左右字距的收放关系，以及整篇章法的形式与整体感觉之美。

　　蔡邕《笔论》有言："为书之体，须入其形，若坐若行，若飞若动，若往若来，若卧若起，若愁若喜，若虫食木叶，若利剑长戈，若强弓硬矢，若水火，若云雾，若日月，纵横可象者，方得谓之书矣。"[1]沃兴华先生说道："所谓的飞动、往来、起卧等，都强调造型的动态。"为做到这一点，结体内的点画必须左右倾侧，相互冲突，然后通过一定的组合方式来化解对抗。那么"体"指的就是体势，就是字犹如人形一样，而变化多端的草书可以用人的各种动作来表达草书的动态之美，例如坐、卧、跳、走、跑，以及世间万物动态都可以融入草书的变化中，并不像楷书那样字字独立，犹如座钟一样，而是延绵不绝，一泻千里，用运笔不断变化和字形的调整来造成字与字之间的体势上的变化。

　　姜夔《续书谱》有言："自唐以前，多是独草，不过两字连属……古人作草，如今人作真，何尝苟且？其相连处，特是引带，是点画处皆重，非点画处偶相引带，其笔皆轻；虽变

--------

① 陶明君：《中国书论辞典》，湖南美术出版社，2001年，第107页。

化多端，未尝乱其法度。张颠、怀素最号野逸，而不失此法。"①怀素和张旭都是师承王羲之的书风，再加上自己对草书的领悟和体会，形成了自己的鲜明风格。怀素的狂草，并非摒弃了王羲之草书的这一优良传统，而是在这传统的基础之上更具有抽象性，更具有表意性，因而也更富表现力，更能启发人们想象力的精湛创造。这正是对王羲之草书更好地继承、生发，并完成了对王羲之草书的新裂变。但怀素的字体势变化多样，也深得王羲之书风影响，形成了一种典雅的直观感受。但是其变化却不失法度，何况唐朝是法度如此严谨的一个朝代，怀素可以在法度的制约下发挥自己的性情，可见怀素对字体势和章法的熟练程度及制度准则。

良宽书从王羲之、怀素，以及日本"三笔"时期的小野道风。其中对其影响最大的是怀素，我们可以从良宽的书法作品中看到许多与怀素相似的字形结构以及线条感觉。张怀瓘在《书议》中谈书法的品格时说："皆先其天性，后其习学，纵异形奇体，辄以情理一贯，终不出于洪荒之外，必不离于工拙之间。"良宽的书法，除后天习学之外，与其说是其人生境遇起了关键作用，倒不如说是天性起了主导作用。良宽的书法能赏、能感而不能学，无法学，他完全以"空"的心境来作字，超脱技法，藐视技法，无迹可寻。②良宽的字除了有怀素相似的结构外，还加入了自己的思想，其并不是简单的作字，不是表演，也不是涉入世俗的筹码，反映出如孩子般天真烂漫的满足自己的内心需求。从良宽和怀素书法的章法对比（图22、图23）可以看出，良宽和怀素的章法整体都十分疏朗，并不会觉得拥挤，字与字之间的安排也给人一种延绵千里、和谐典雅的感觉。

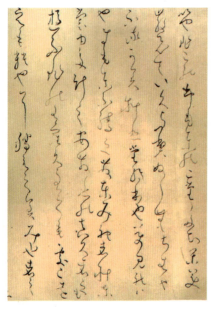

图22　良宽　和歌卷（局部）

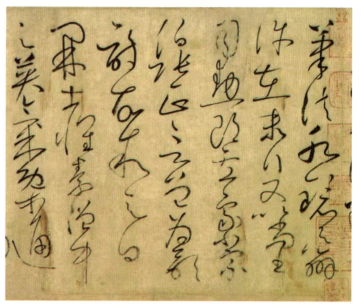

图23　怀素　自叙帖（局部）

---

① 连家生：《历代书论赏识五十篇手稿》，国际书画出版社，2016年，第84页。
② 杨谔：《书法要诀》（第2版），苏州大学出版社，2017年，第134页。

### （二）佛学禅宗对良宽的影响

良宽出生在江户时代，刚好对应中国的明清时期。良宽在13岁时就读于分水町地藏堂学者大森子阳开办的私塾。大森子阳是北越四大儒士之一，在这里进行汉诗、汉语的教学。可见良宽从小就对中国文化有了初步的认识和了解，这也是良宽人生中一次重要的机遇，并为他后来创作诗词打下了坚实的基础。他18岁的时候，离开父母和兄弟姐妹立志去光照寺坐禅修行。后因光照寺被大火烧毁，良宽遇到了玉岛圆通寺第十世住持国仙和尚。之后便随国仙和尚到圆通寺进行严格的坐禅修行，这是其人生中第二次重要的机遇。国仙和尚曾经教导他说："良也如愚道也宽，腾腾任运得看谁。为附山形烂藤杖，到处壁间午睡闲。"①教导良宽修行之道既广又深，以后连中午睡觉时也要当作禅的修行。并且坐禅是僧人基本的日常修行活动，据说当修炼到一定程度时，冬天会身体发热，感觉不到寒冷，夏天忘记酷暑而感到凉爽，可见良宽对坐禅修行也有着很高的修行。

日本的佛教是由中国传入的，钦明天皇十三年（552）十月，百济的圣明王向天皇进献了金铜佛像和经论等物。通过经卷，日本国民掌握了汉字的意思和书写的能力，并且对佛教经典也有了一定的了解。良宽对佛教经典也有着颇深的研究，其对《般若波罗蜜多心经》和《法华经》有着较深的研究，还特别写了一篇专门赞颂《法华经》的著作——《法华赞》。在他书写的《般若波罗蜜多心经》当中，体现出笨拙、憨态可掬的趣味，笔法简约淳朴。他对"色即是空"有着很深的理解，认为所有存在的、有形的东西全都是空的。②并且其书法的俊秀洒脱，超越了范本式书法的自由与洒脱。《法华经》是释迦牟尼最后集大成的"教义"，全书共28卷。简单来说，其教义就是从两个方面肯定。第一，一切众生，即所有的人都能够在佛的帮助下得道成佛，也就是说，人人皆可成佛；第二，来世并非极乐世界，而现今的婆娑世界就是我们期待已久的理想世界。良宽《法华赞》开头用诗阐述了自己对《法华经》的认识："开口谤法华，杜口谤法华。法华云何赞，合掌曰南无妙法华。"这首诗歌不仅仅是赞扬《法华经》，更是以禅宗问答式的赞美，其大意是不知道怎么赞美《法华经》，良宽害怕一开口会对《法华经》造成诽谤，以自己低俗的语言破坏了《法华经》的高尚，更体现了良宽的谦虚，只有合起手掌来咏唱《南无妙法莲华经》才是对《法华经》最好的赞美和歌颂吧，体现了良宽对《法华经》虔诚的态度，这也是良宽最后想要达到的世界。

良宽的禅宗思想在良宽生活的方方面面都有体现，我们来讲一下诗歌。"白云流水共依依"讲述的是悠然祥和的意境，看到白云和流水，自己沉浸在一种平静和宁静的心情之中，想到了自己何尝不是这大千世界的一物，也把白云和流水看作人生本身了。在其父亲投河自尽时，良宽也创作了辞世歌："应天真佛之邀，以南投桂川。苏迷庐山若见证，我死必有后来人。"③在诗歌当中提到的天真佛，是指大自然本身，就是佛的一种禅宗思想，也就是世

---

① 陈俊英：《良宽其人》，现代教育出版社，2009年，第27页。
② 陈俊英：《良宽其人》，现代教育出版社，2009年，第16页。
③ 陈俊英：《良宽其人》，现代教育出版社，2009年，第100页。

间万物。良宽怀着悲伤的心情去写这首诗歌，其舒展明朗的书体，更会让我们感受到他是如此的悲伤。

良宽曾经通过阅读学习中国高僧的传记而说过这样一句话："僧人还是以清贫为好。"但是这里的贫是有其他说法的，贫是指生活可以过得贫穷，但是精神上是富足的、满足的。后来他在生活上靠着朋友、邻居接济，靠着一个钵盂来维持自己的温饱。但是这些他都不在乎，他更注重精神上的富足。良宽通过诗歌赞美禅宗，如来佛之愿是普济众生，让我们把一切都托付给佛："我有幸前往佛所住的地方，感到欣喜和荣幸。"可见良宽希望救人们于水火之中，代表了他自己的信念和修禅的倾向，以及与贞心尼的相遇，浪漫的师徒爱情也随之发展，表明了良宽的书法和思想境界已经达到了顶峰。

## 五、结语

怀素对良宽的书风有着重大影响，良宽在学习怀素的书法之后，线条古朴流畅、简约大气，结字古劲苍茫，虚无缥缈，可以说是江户时代一种新的书法风尚的体现。因为良宽是一位僧人，他的作品在江户时代更是成为一股清流，远离了世俗的厌恶和颓废，在自我享受之中满足自我，自娱自乐，与民同乐。怀素的思想也对良宽有着深厚的影响，就如前文所提到的"僧人还是以清贫为好"，这种思想也贯穿在其日后生活之中。

良宽的书法，可以看到一种简洁的旨趣，其点画从来不专门做出一种姿态，而是给人一种古朴超然的感觉。他的风格枯淡寂静，悠然自得，这在日本书法史上是绝无仅有的。良宽的书法给后世提供了一种新的书法风尚，代表了一部分日本人对书法的理解和认识，也推动了后来"假名书法"的发展。他的作品也被后世广泛地学习，良宽是怀素书风的一个新的分化。会津八一对良宽的评价极高："良宽的字是好字，写成这样不容易，良宽是一个数千年难逢的人才。"[1]

**本文作者**

姚彭程：湖南第一师范学院美术与设计学院

---

[1] 陈俊英：《良宽其人》，现代教育出版社，2009年，第125页。

# 怀素草书与禅宗文化

蔡碧珍

## 一、怀素生平及其草书艺术

### （一）怀素的生平及存世作品

怀素，字藏真，俗姓钱，祖籍吴兴，永州零陵（今湖南零陵）人。因秦时零陵属长沙郡，汉时为长沙国，故《自叙帖》中自称"家长沙"，盖以古郡望概而言之。生于开元二十五年（737），卒于贞元十五年（799）。[①] 自幼出家，经禅之余，颇好草书，自言得草书三昧。早年即以草书驰名乡里，后从邬彤学草书，邬彤乃张旭学生，由此习得张旭的笔法。宝应元年（762）始杖锡远游，寻访名师，干谒名公，结交时贤。先后得到吏部侍郎韦陟、礼部侍郎张谓的赏识，得与士夫名流交游往来，并作歌序以赠之。

据《宣和书谱》[②] 载，宋代御府藏其草书有101帖之多。墨迹有《自叙帖》（图24）、《苦笋帖》（图25）、《论书帖》、《小草千字文》（图26）、《食鱼帖》等诸种，另有刻帖《藏真帖》《圣母帖》《四十二章经帖》《律公帖》《客舍帖》《高坐帖》《大草千字文帖》

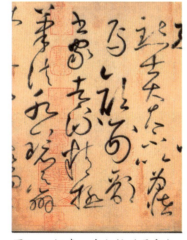

图24 怀素 自叙帖（局部）

图25 怀素 苦笋帖（局部）

---

① 关于怀素的生卒年问题，有二说。一为怀素生于开元十三年（725），卒于贞元元年（785），持此论者见今人詹瑛先生《李白诗论丛》。二为怀素生于开元二十五年（737），卒于贞元十五年（799），持此论者见清人瞿中溶《古泉山馆金石文编》。两者相较，今人多以后者为较可信。关于怀素生卒、俗姓、里望等考证，参见王辉斌《关于怀素生平中的几个问题》和熊飞《怀素生平考补》。

② 轶名著，顾逸点校：《宣和书谱》，上海书画出版社，1984年。

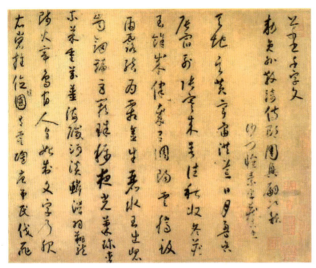

图26　怀素　小草千字文（局部）

《冬熟帖》《醉僧帖》等。

**（二）怀素草书的艺术特征和狂放浪漫的气质**

怀素的草书艺术，是我国浪漫主义书法艺术的典范，从其传世的代表作品《自叙帖》和《苦笋帖》来看，他的草书用笔绝妙，在一气呵成的走势中，能始终保持逆锋起笔，中锋行笔；在纸面上舞动出凝练瘦劲而弹性圆转的线条，故人称"藏真妙于瘦"。怀素的草书笔触甚细，《自叙帖》当然是代表作，在纸上少有顿压。

怀素的草书如雷霆万钧，给人以激昂澎湃的画面美感。在结构和章法上，强调疏密、斜正大小、虚实枯润的明显对比，有明朗的节奏感。草书艺术的美如诗篇、如舞蹈、如绘画、如音乐。他的草书飘逸超群，风采照人，其中传达出来的炽情状态，此状态对于驾驭变幻莫测、兔起鹘落的草书线条而言，自然更有张力。在炽情状态下喷薄而出的作品，形章如卷席，烟云满纸，仿佛是划破长空的鸣镝，又像是狂奔直下的激流，难以阻遏。

历代书论家对怀素的草书给予高度的评价，如黄山谷[1]、姜夔[2]、鲜于枢[3]、高士其[4]及近人马宗霍[5]等皆有高度的赞誉。怀素是继张旭之后的又一草书大家，在继承张旭连绵旷逸的书风的基础上又有所发展（图27），运笔迅捷，一泻千里；线条细劲空灵，结构纵逸跌宕，把内心丰富的情感诉诸毫端，充满了个性的张力、运动的激情、奔泻的浪漫情愫……他的草书艺术起到了承前启后的作用，唐代的草书书僧群体与他多有师承关系或受其影响，形成一个独特的艺术历史现象。

图27　张旭　古诗四帖

[1] 黄山谷的《山谷文集·山谷题跋》认为："怀素草书暮年乃不减长史。"
[2] 姜夔的《续书谱·草书》云："古人作草……浪复变化多端，而未尝乱其法度。张颠、怀素规矩最号野逸，而不失此法。"
[3] 鲜于枢的《论草书帖》认为："张长史、怀素、高闲皆善草书，长史颠逸，夕时出法度之外，怀素守法，特多古意。"
[4] 高士其在《怀素〈自叙〉跋》中称赞道："怀素书奇纵变化，超迈前古，《自叙》一卷尤为生平狂草，然细以理脉按之，仍不出于规矩法度也。"
[5] 马宗霍的《书林藻鉴》载董迪之论："怀素气成乎技者也。直视无前而能坐收成功，天下至莫与争胜，其气盖一世久矣。"

## 二、怀素草书风格形成的时代因素

### （一）时代气质

隋、唐结束了自汉末以来长达数百年的分裂局面，建立大一统帝国。唐代政治、经济、军事上的繁荣强大，形成了两千年来封建社会的高峰。在经济上，唐代的经济总量占当时世界的一半以上，长安城是当时世界上规格最大，人口最多的超级都市。政治上，国家巩固，政治清明。"贞观之治""开元之治"是中国历史上的盛世。军事上，版图广阔，向西一度拓展至与波斯接壤，以强大军力挫败突厥，征服少数民族，民族团结。文艺生活尤显兴盛，表现在音乐、舞蹈、书法、绘画等方面。唐代统治者兼有胡人血统，北方又经过魏晋南北朝的民族大融合，使得当时的社会风气带有一定粗犷、开放的"胡风"，如女性好着男装、骑马，不忌再嫁，风气开放，胡乐盛行等。

在这样的历史背景下，唐代的社会风气比历史上任何一个朝代都显得有活力、有生机和包容性强，人民性格张扬开放。像"张颠醉素"这样的狂怪性格也能为社会所包容；盛唐的重理想、重事功，人民的精神面貌蓬勃向上，希望建功立业；文化艺术同样充满了世俗享乐的色彩，如中国画的青绿山水、宫廷仕女画、服饰、贵族日用器物等，不避大红大绿，不避金雕银裹。

唐人相比起宋人，宋人显得更内敛深沉，唐人蓬勃张扬，像张旭、怀素这样充满了张力、运动激情、奔泻浪漫情愫的草书艺术是相当切合唐人的审美风尚的。

### （二）从"中和"到"尚奇"：审美观念的变迁

初唐经过战乱重新统一，国家百废待兴，是十分需要重新建立起一套文化艺术观念以利于政治的巩固。因此，唐太宗以巩固统治为目的，提倡儒道。在书法上，选择以"中和"为特征的王羲之作为代表，经过唐太宗、虞世南、孙过庭等理论家的著作，确定了唐初书风以"中和"为美的审美观念，因此书坛上"二王"书风盛行。

统一南北书风，文质彬彬，尽善尽美，成为初唐来自儒学内部的要求。王羲之融合古今，风骨、妍美兼备，从而完美地体现出儒家美学中文质结合的要求，唐太宗在《王羲之传论》中说：

"钟虽擅美一时……认其尽善，或有所疑；献之虽有父风，殊非新巧……子云近世擅名江表，然仅得成书，无太夫之气……尽善尽美，其惟逸少乎？"[1]

虞世南《书旨述》："逸少、子敬，剖析前后，无所不工。"[2]

在"中和"的大旗下，要求书家对"情"的制约，对技法、趣味"偏"的避免，甚至

---

[1] 上海书画出版社、华东师范大学古籍整理研究室选编校点：《历代书法论文选》，上海书画出版社，2014年。

[2] 同[1]。

后来渐渐异化为对"法"的服从。盛唐渐渐演变为"尚法",在"法"的笼罩与束缚下,使书法的抒情性、表现性、形象性乃至艺术性有所制约,中唐以后,对"法"的反动乃至对"奇"的好尚就顺理成章。

安史之乱后,社会动荡,士大夫得不到的精神药方,不得不将自己的审美从传统的"中和"之美中分裂出来。人们不再墨守成规,而是关注自己内心的独到体会,敢于打破常规,《唐国史补》云:"大抵天宝之风尚党,大历之风尚浮,贞元之风尚荡,元和之风尚怪也。"①

从"中和"到"尚奇",标志着中晚唐社会审美风尚的兴起,怀素狂放的草书艺术,吻合人们的审美心理,进而受到赞赏。

### (三)禅学的兴盛

禅宗的原意是"禅定",是佛教的一种宗教修养。"禅"是梵文"禅那"的略称,意为"思维修""静虑"。

柳诒徵《中国文化史》说,佛教各有宗派,近人约为十宗。部分宗派至唐已衰微,如三论宗、成实宗等。禅宗至唐大兴,所谓禅宗六祖,在唐代就占三位。"六祖至岭南,经十五载,一日至广州法性寺升座讲法,闻者倾心。别传之道,由此大行。"②今之佛寺禅宗,皆自唐代。《唐六典》云"凡天下寺总五千三百五十所",至武宗时增至四万,"僧尼二十六万五百"③。禅宗之盛由此可见。

怀素的狂放张扬,是有着历史根源性的。唐代是禅学自由发展的时期,时代心理豪迈开朗,僧人的性格多随之外拓、开放,全然不像宋代之后,儒、佛、道三大思想渐趋一统,封闭、内敛成为宋代以后僧人的主要性格特征。

经惠能改造后的禅宗,成为世俗化的宗教。禅宗之禅与过往禅法的坐禅不同,禅宗讲"参禅",将过去使世人所不乐于接受的枯坐禅定进行改革。人们在日常生活中便可"参禅","参禅"即能生慧,悟见佛理。这种简化使"参禅"悟道变得简易,甚至可以居士的身份在家修行。这解决了儒家最排斥佛学的两大难题——"无忠孝""弃骨肉",因此大受文人士大夫的欢迎而广泛传播,当时甚至连极力排佛的儒者韩愈也私下乐于与沙门交游。因此,怀素才可以得到这么多的社会名人、王公大臣的称赏与交往,并为其赋诗作序。

禅宗的世俗化,使得佛教徒放下以往的出世不群,积极投身于世俗事务,个别还怀有功名入世之心,其与俗人已无多大差别。草书僧被称为"披着袈裟的草书家",因此我们可以看到不少像怀素这样的书僧,热衷于结交名流,提高声望,甚至借此获得金钱、社会地位、宗教乃至政治利益。

### (四)书僧群体的出现

中晚唐至五代出现许多僧人草家,"草书僧"之名随之诞生,为中晚唐时期非常独特

---

① 李肇:《唐国史补》,上海古籍出版社,1957年。
② 柳诒徵:《中国文化史》,中华书局,2015年,第469页。
③ 柳诒徵:《中国文化史》,中华书局,2015年,第470页。

的书法现象。佛教为了弘布佛法，十分重视书法的修养，书法作为佛教的内在修炼，僧人队伍中善书法者不乏其人，如怀仁、知至等。

从隋智永禅师写八百本《千字文》分送江南各大寺院可知，书僧除了习楷书外，还兼修草书。时至中晚唐，僧人书风却发生了很大的变化，继张旭之后，怀素的草书癫狂放逸，掀起了僧人草书的热潮，影响至后代的草书僧，如宋代《宣和书谱》上的记载①，还有文献的诗僧记载有释鉴宗、释怀挥、释遗则、释怀溶、释洪堰、献上人、修上人等。以怀素这样的草书大家，正史上尚无传记，其他淹没于历史长河的书僧群体更是不计其数。

草书僧凭借着其草书技艺，广泛地与文士们及达官贵人交游。据《宋高僧传》②载，高闲为懿宗也表演过草书。（图28）社会自上而下的各阶层对僧人草书的推崇，鞭策了僧人草书的兴盛。文人与草书僧以赠诗和赠序的形式互相唱和，以此宣扬草书僧起到的推动作用。

图28  高闲  草书千字文

胡震亨《唐音癸签》卷二九云："唐名缁大抵附青云士始有闻，后或赐紫，参讲禁近，阶缘可凭。"③

正如前文提到，当时部分的僧人充满功名入世之心，其与俗人无多大差别，草书僧亦是"披着袈裟的草书家"，如司空图所云："佛首而儒其业者。"由此我们可知当时题壁兴盛，实由于文人雅士、王公大臣甚至帝王的喜好，与僧人广佛法、邀书名、沽俗利的需要合力推动下产生的。

## 三、怀素草书与禅宗文化

### （一）"不立文字"与"书写文字"的矛盾

怀素在创作草书时的运笔是非常快速的，这并不仅仅是艺术风格手段的问题，而是有着深厚的禅宗哲学背景。禅宗讲究"不立文字"与书法家"书写文字"本身就形成矛盾，这是摆在书僧面前不得不考虑的问题。

《五灯会元·七佛释迦牟尼佛》中曰："吾有正法眼藏，涅妙心，实相相，微妙法门，不立文字，教外别传……"

---

① 《宣和书谱》（卷19），列唐代草书僧八人：怀素、亚栖、高闲、晋光、景云、贯休、梦龟、文楚。
② 赞宁：《宋高僧传》，中华书局，1987年。
③ 《唐音癸签》是胡震亨《唐音统签》中的一部分，专门论述唐代的诗歌，从唐诗之变迁、诗人、题材、
　体裁、评汇等方面来记述。

《十种问奏对集》中的第三问答曰："禅家所谓不立文字，教外别传……文字是鱼兔筌蹄，若得鱼兔，则蹄浑是无所用也……标月之指也，若观月，则指亦无所用也。然人皆认筌蹄，不得鱼兔，认指头不观月，故曰：'不立文字。'"[1]

佛教的般若思想包含"观照般若""文字般若"和"实相般若"三方面，"文字般若"便是将阐述佛教道理的一切经论看空，不固守于文字的意思，以般若空观来看待佛教经论，将佛教经论看空，摒弃执着之心。

一方面，在禅宗文化体系中影响极深的是"不立文字"一说；而另一方面，僧人以抄经为德业，以学书作为"事佛供养"，甚至学书也成为参禅的一种修炼方式。既要"不立文字"又要"书写文字"，因此强迫书僧们去追求一种"否定文字"的书法。熊秉明在《佛教与书法》中说表现禅味的方法，"比如用败笔，用极枯笔，用儿童样的笨拙笔，把字写散，散成图画，写密，密成乌团……总之是把文字性从书法中挤出去，或者把艺术性、技巧性挤出去"[2]，他举了日本良宽和尚的楷书（图29）、北岛雪山的行草、德川家康写的"日课经本"为例。而八大山人（图30）、弘一法师（图31）把线条的提按技法几乎都去掉，把感情的起伏压抑至最低，把作品的空间营造得空灵旷远，有出尘脱俗之气。

而怀素的线条也是把提按减到很小，线条流畅而坚细。

图29　良宽楷书"天上大风"

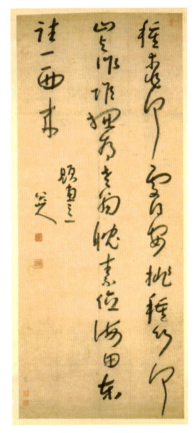

图30　八大山人　题画诗一首

图31　弘一法师"悲欣交集"

在一气呵成的笔势中，能始终保持逆锋起笔，中锋行笔，锋尖在纸面上舞动出凝练瘦劲而具有弹性圆转的线条，故被称"藏真妙于瘦"。在纸上少有顿压，折射出情感上去除悲欢的高潮与低潮，又折射出对现实生活保持一个距离，以此冷观世界，富有禅思的意味。

更重要的一方面，他

① 陈坚：《禅宗"不立文字"辨》，《华东师范大学学报（哲学社会科学版）》2004年第3期，第5页。
② 熊秉明：《佛教与书法》，载香港《书谱》双月刊第7卷第3期，1981年，第6页。

以最快的速度写草书，快得让人感觉几乎无停顿，如电闪雷鸣，目不暇接，这跟禅宗对时间和空间的哲学有关。禅宗讲求"迷来经累劫，悟即刹那间"。"刹那"是佛教里认为最小的时间概念，佛教认为时间并非像儒家和道家那样认为是绵延不断的线性流动，而是由一个一个时间点，即"刹那"相连接而成，这一刻的"刹那"已与上一刻的"刹那"不同，没有停留，连相对的静止也否定了，而物相就是在这样的时间下，在因缘作用下而存在着，因此物相是"空"，亦即所谓的"色即是空"。由于永远在生灭之中变幻不定，这就意味着，作为现象之一的时间也是空的，并非客观的实体性存在，也只是世间万法的表象形式。过去、现在、未来的三际分野也不再是绝对的和实体化的，颠覆线性的时间法则，从而将过去、现在和未来的严整序列，可转换和交融，不再是某个瞬间或时间段神圣的和具有特殊意义的。人假如在某个瞬间明白生死轮回是无止境的，那么轮回的过程就集中在这一刻，以此便凝聚了无始无终的时间，一旦彻悟便进入涅槃，在禅宗就是顿悟。

怀素以目不暇接的速度书写草书，感官上几乎没有停留，没有抑扬顿挫，笔锋似乎要从才写成的点画中逃开，逃出文字的束缚、牵绊。一面写，一面否认他在写，"旋生旋灭"，文字才形成，已经被遗弃，被否定，被超越。文字只是刹那间的一念一闪，前念后念，即生即灭，"于念而无念""说即无，无即说"，才一闪，已成过去，已被推翻，即写即无。[①]他喜欢选择快速连绵的草书，以连绵的线条——"空间化的时间"延续，与"刹那间"时间转换的对立，以矛盾的方式做到既书写文字又否定文字的哲学思考。

而在禅宗的哲学体系当中，即使书法的线条是"空间化的时间"，而"空间"也在否定之列。

《古尊宿语录》卷十三云："问：'毫厘有差时如何？'师云：'天地悬隔。'云：'毫厘无差时如何？'师云：'天地悬隔。'"[②]

世间万事万物（物相）都是在时间和空间之中的存在，都处于时间的流动之中，而时间和空间皆空，即是所谓的"万法皆空"。而对"空"的顿悟，正是禅宗的核心所在。而由于"不立文字"，佛义"不可言说"，只能是顿悟的直观形式去把握，如"拈花一笑""当头棒喝"等形式。

笔者认为，题壁表演也可能是对"空"的一种传达方式，书家以题壁的方式，使书法重结果变为重过程，因为题壁完后会被粉刷掉，并不以保留结果为目的，书写过程结束，书写的意义即告完成。这种"旋生旋灭"的过程，启发众生对"空"的顿悟，由此得出这种"可以心契，不可以言宣"。

**（二）从"呵佛骂祖"理解怀素的"癫狂"与"逸出常法"**

在论怀素的草书诗歌中，对钟繇、张芝、王羲之、王献之和张旭的谩骂让人惊愕，左一

---

① 熊秉明：《佛教与书法》，载香港《书谱》双月刊第7卷第3期，1981年，第6页。
② 赜藏：《古尊宿语录》第十三卷，上海古籍出版社，1991年。

个"浪得虚名",右一个"老死不足数"。在书史上,再自信的书法家对于以上数人,敢称"窃比""绍于",已是十分有胆量了。这种连自家师祖(张旭)也如此不留情面地诟骂,在主张中庸、平和、谦逊的儒家文化下是绝对不能有的,唯独在禅宗当中,这是一种可以被理解和接受的现象。

佛教般若思想的第三个方面为"实相般若",即把佛教本身也看空,目的在破除执着,涤除一切外在的思想禁锢和羁绊,发展到"呵佛骂祖""杀佛焚佛"的程度,在佛教界彻底掀起了一股否定传统佛教的价值和权威的浪潮。

《五灯会元》卷七:"这里无佛无祖,边磨是老操胡,释迦老子是干屎橛,文殊、普贤是担屎汉。"①

《五灯会元》卷二十:"问:'如阿是佛?'师曰:'华阳洞口石乌龟。'"②

在看待怀素"癫狂""不拘常法""骂祖"的现象,虽然不无个人性格和艺术创新方面的原因,同时要看到禅宗"呵佛骂祖"的文化现象,才不至于流于空谈。

### (三)"物我同一"与"师夏云无端"

在描写怀素草书的诗歌中,大多以自然物象作比兴,陆羽的《僧怀素传》曾描述怀素观夏云奇峰悟出变幻的章法。从怀素自身的书学思想来看,师法自然就是他的特点,也是禅宗"物我同一"的美学观念的反映。

《五灯会元》卷十四:"一切声,是佛声,檐前雨滴响泠泠;一切色,是佛色……碧天云外月华清。"③

《五灯会元》卷十五:"一尘一佛国,一川一释迦。"④

《景德传灯录》卷二十八:"青青翠竹,尽是法身;郁郁黄花,元非般若。"⑤

禅宗认为世界中的万物,都是佛教的本体和真理的明确呈现。佛身、法身的本体或真谛,蕴藏在自然中,如果谛观和领悟苍茫宇宙的自然背后潜藏着奥妙、规律和玄机,便成了禅宗亲近大自然的直接目的。

## 四、结论

本文从禅宗视角看怀素草书艺术,进行了大量的资料收集及探究,分析了怀素生平及其草书艺术、怀素草书风格形成的时代因素、怀素草书与禅宗文化。笔者认为:怀素乘兴题壁,则是把创书的过程变为一种公开的表演方式,过程也成为重要的一个环节,其中,题壁

① 普济:《五灯会元》卷七,中华书局,1984年。
② 普济:《五灯会元》卷二十,中华书局,1984年。
③ 普济:《五灯会元》卷十四,中华书局,1984年。
④ 普济:《五灯会元》卷十五,中华书局,1984年。
⑤ 崔元和:《禅宗美学的基本特征》,《五台山研究》1991年第4期。

的草书创作表演形式，一方面有利于借此传播宗教而扩大影响，另一方面使书僧得到更大的名声和世俗利益。

关于"不立文字"与"书写文字"的矛盾，笔者大胆地提出了一个新的推测，题壁表演也可能是对"空"的一种传达方式，书家以题壁的方式，使书法重结果变为重过程，因为题壁完后会被粉刷掉，并不以保留结果为目的，书写过程结束，书写的意义即告完成，这种"旋生旋灭"的过程，启发众生对"空"的顿悟。

怀素"呵佛骂祖"及"癫狂"与"不拘常法"，在主张中庸、平和、谦逊的儒家文化下是不能有的，唯独在禅宗当中，却是一种可以被理解和接受的现象。在看待怀素"癫狂""不拘常法"和"骂祖"的现象时，虽然不无个人性格和艺术创新方面的原因，同时要看到禅宗"呵佛骂祖"的文化现象，才不至于流于空谈。

在描写怀素草书的诗歌中，陆羽的《僧怀素传》云："贫道观夏云多奇峰，辄尝师之。"从怀素自身的书学思想来看，师法自然就是他的特点，也是禅宗"物我同一"的美学观念的反映。

通过把现象与文化结合分析，从中可以看出怀素及中唐以后的书僧群体里，书法蕴含着深刻的禅宗思想实质，可以使我们深刻地认识到唐代书法与文化、禅宗、人文环境之间的关系，从中把握此一时期书法风格形成的原因及文化内涵，对理解唐代书法史及研究怀素等书僧群体有着深刻的意义。

**本文作者**

蔡碧珍：广州市绿翠现代实验学校

# 甚爱古刻

## ——从《至正直记》看元人孔克齐的碑帖收藏观念

崔宗旭

元代在中国历史上是一个非常特殊的朝代，因其统治者从汉人变为蒙古人。身为汉人的文人士大夫自幼接受儒家的正统教育，故出仕异族朝廷对他们来说是一种身心的煎熬。赵孟𬱟是一个非常特殊的例子，因为他既是汉人，同时又是前朝皇族的后裔。处于矛盾之中的赵孟𬱟，选择了通过扛起书画复古的大旗来缓解自己心理上的迷茫和煎熬。不得不说，这面复古的大旗对整个元代书画甚至收藏领域都产生了深刻的影响。而处于元代末年的孔克齐则为了躲避元代末年的战乱，举家移居到了四明（今浙江宁波）。在躲避战乱的这段时间里，孔克齐撰写了自己的唯一的著作《至正直记》。

孔克齐是元代一位碑帖收藏家，其在《至正直记》中言其收藏拓本愈数百。他是孔子的第五十五代孙，其收藏之好可能来源于家学渊源，其父孔文升是一位作曲家，擅长诗文，喜爱书画。孔克齐喜爱交游，交往的多是当地的文人雅士、儒者和官员，这种广泛的交游也为其进行碑帖的收藏提供了方便。孔克齐在其唯一的著作《至正直记》中记录了自己对于碑帖的收藏情况，从中我们既可以看到其作为元末碑帖收藏者受到时风的影响，同时也能看到他自己独特的碑帖收藏观念。

## 一、赵孟𬱟的复古思想对孔克齐收藏观念的影响

赵孟𬱟对元代书法的影响是非常深远的。元代书坛笼罩在复古的大旗之下，生活于元末的孔克齐亦不能例外。孔克齐喜爱书法，他在《至正直记》中对书法创作的要领表达了自己的看法：

凡学书字，必用好墨、好砚、好纸、好笔。①

此外，他还谈论过白鹿纸：

世传白鹿纸，乃龙虎山写篆之纸也，有碧、黄、白三品。其白者，莹泽光净可爱，且坚韧胜西江之纸。始因赵魏公松雪用以写字作画，盛行于时。②

从书法的创作到书法的用纸，可见孔克齐对于书法是有深入的研究和体会的。那么对书法热衷的孔克齐面对复古的时代潮流，自然不能置身事外。生活在赵孟頫身后的孔克齐，作为一个书法碑帖收藏者，在其著作中多次提及赵孟頫、鲜于枢等人，也从侧面反映出其对赵孟頫提倡的复古书风的认同。其中有记叙赵孟頫轶事的是：

一日，又侍行西湖上，得一太湖石，两端各有小窍，体甚平。松雪命景修急取布线一缕至，扣于两窍，而以石令人涤净扶立矣。久之，清风□至，其声如琴，即命名曰"风篁"。③

有记录赵孟頫教授后辈写字的是：

赵松雪教子弟写字，自有家传口诀，或如作斜字草书，以斗直下笔，用笔侧锋转向左而下，且作屋漏纹，今仲先传之。又试仲穆幼时把笔，潜立于后，掣其管，若随手而起，不放笔管，则笑而止。或掣其手墨污三指，则挞而训之。④

当然，最直接的证据就是孔克齐在其著作中对赵孟頫的评价：

宋冀国公赵南仲葵在溧阳时，尝与馆客论画，有云："画无今古，眼有高低。"予谓书法亦然。当今赵松雪公画与书，皆能造古人之阃，又何必苦求古人耶！⑤

在孔克齐看来，书法没有古今，只有优与劣之分，重要的是要能辨别出优劣。那么，对于赵孟頫的书画，孔克齐则直言其书已然能与古人比肩。孔克齐对赵孟頫给予如此高的评

① 孔克齐：《至正直记》，庄敏、顾新点校，上海古籍出版社，1987年，第59页。
② 孔克齐：《至正直记》，庄敏、顾新点校，上海古籍出版社，1987年，第42页。
③ 孔克齐：《至正直记》，庄敏、顾新点校，上海古籍出版社，1987年，第16页。
④ 孔克齐：《至正直记》，庄敏、顾新点校，上海古籍出版社，1987年，第60页。
⑤ 同④。

价，可见他对赵孟頫的书法及其复古的思想是十分认同的。因此，虽然孔克齐身处元末，但是其书学思想仍然深受赵孟頫的复古思想的影响。那么，对于并非书法家的孔克齐来讲，他的这种复古思想如果不能体现在其书法作品中，我们只能在他的碑帖收藏之中寻找这种复古思想的踪迹。

## 二、孔克齐的碑帖收藏

### （一）力求追古的收藏观念

赵孟頫倡导的复古之风，乃是以魏晋书法名碑帖为准绳。那么，受到复古之风影响的孔克齐自然对魏晋书法的碑帖拓本偏爱有加。从其收藏的拓片之中，我们亦可见一斑。

> 若古钟鼎款识，古《黄庭》《兰亭》《楚相》旧碑及《石经》遗字、《急就章》之类是也。[1]

从古钟鼎款识，到魏晋名帖，可以说孔克齐是按照元代复古之风的标准来进行碑帖的收藏。而收藏魏晋书法的碑帖，王羲之的书法是个绕不过去的门槛。没有王羲之的书法收藏，怎么能说明自己是追求魏晋古风呢？孔克齐肯定深谙这个道理。在他的收藏中，《黄庭经》《兰亭序》赫然在列。这一点可能也是受到赵孟頫的影响，赵孟頫曾说："昔人得古刻数行，专心而学之，便可名世。况《兰亭序》是右军得意书，学之不已，何患不过人耶？"[2]对孔克齐来说，他不仅收藏《兰亭序》这一中国书法的标志性碑帖，而且对于有关《兰亭序》的相关消息也特别留意。

> 尝云："宋季小字《兰亭》，南渡前未之有也。盖因贾秋壑得一碈砆石枕，光莹可爱。贾秋壑欲刻《兰亭》，人皆难之。忽一镌者曰：'吾能蹙其字法，缩成小本，体制规模，当令具在。'贾甚喜。……今所传于世者，又此刻之诸孙也，世亦称《玉枕兰亭》云。"[3]

孔克齐记录的这段关于玉枕《兰亭序》来源的轶事，也从一个侧面反映出他对收藏《兰亭序》的不同版本的拓片有着极大的热情。

除了魏晋碑帖，孔克齐的收藏中还有唐代碑刻拓本。

---

① 孔克齐：《至正直记》，庄敏、顾新点校，上海古籍出版社，1987年，第61页。
② 赵孟頫：《赵松雪兰亭十三跋》，天津市古籍书店，1987年，第13页。
③ 孔克齐：《至正直记》，庄敏、顾新点校，上海古籍出版社，1987年，第19页。

　　若唐名刻，则欧阳率更《化度寺铭》，近得一本，虽旧而未尽善。①

　　从中可以看出，其实孔克齐也收藏了不少唐代碑刻拓片，特别是欧阳询的《化度寺碑》。《化度寺碑》在元代受到了特殊的礼遇，得到了赵孟頫、欧阳玄、康里巎巎等人的题跋。众所周知，欧阳询的书法凌厉森严，并不符合赵孟頫对晋人的萧散简远的书法风格追求，而《化度寺碑》能够在元代得到特殊的礼遇，乃是因为其是欧书中最温厚而且有古意的作品。元人王恽云："《化度寺碑》率更规模，一出黄庭，至奇古处乃隶书变尔。"②

　　孔克齐收藏的唐代碑帖，其实亦是元代碑帖的一个缩影，书坛盟主赵孟頫曾收藏李邕的《李思训碑》拓本，鲜于枢曾经藏有柳公权的《神策军碑》拓本，后来流入元内府收藏。元人收藏很多唐代碑帖拓本，一方面肯定和唐代以前的碑帖拓本数量相对较多、流传相对较广有关；另一方面我们也可以由此看到，在元代"二王"书风乃至赵孟頫书风统领书坛之时，仍有另外一种东西在暗流涌动，也许这就是元末个性书家能够出现的原因之一。

　　（二）精益求精的收藏标准

　　古代典籍中对孔克齐的记载很少，我们很难想象他是一个什么性格的人。不过从《至正直记》中我们对其个性亦可以了解一二：

　　　　凡学书字，必用好墨、好砚、好纸、好笔。……及避地蕲县，吴、越阻隔，凡有以钱唐信物至，则逻者必夺之，更锻炼以狱，或有至死者，所以就本处买羊毫苘麻丝所造杂用笔，井市卖具胶墨，所以作字法皆废。③

　　从孔克齐在这段对书法学习的论述中，我们可以知道孔克齐对书法学习和创作有着清晰、深入的认识，同时我们也可以看到孔克齐对书法工具的挑剔。上文曾经说过他对纸有一些研究，对一个算不上是书法家的人来说，对书法的笔、墨、纸、砚的研究也从侧面看出孔克齐是一个十分认真仔细的人。那么，可以想象，在面对自己十分喜爱的碑帖拓片收藏时，他肯定也会精心挑选，精益求精。

　　当然，这种精益求精也是有一个过程的。"予甚爱古刻，尝欲广收贮而不能如意。"④早年，孔克齐在父亲孔文升宦游江浙地区时，收藏了大量的碑帖拓片，"及予续收，本逾数百，红巾盗起，皆散失不存矣。"⑤后来断断续续收藏了几百本拓片，但是孔克齐仍然认为自己"不能如意"。"不能如意"的原因一方面说明孔克齐对碑帖拓片收藏的喜爱之情，另一方面也说明孔克齐虽然收藏了一定数量的碑帖拓片，但他对碑帖拓片的质量可能并不满

---

① 孔克齐：《至正直记》，庄敏、顾新点校，上海古籍出版社，1987年，第61页。
② 孙承泽：《庚子销夏记》，浙江人民美术出版社，2012年，第137页。
③ 孔克齐：《至正直记》，庄敏、顾新点校，上海古籍出版社，1987年，第59页。
④ 孔克齐：《至正直记》，庄敏、顾新点校，上海古籍出版社，1987年，第61页。
⑤ 同③。

意。更让人惋惜的是，由于元末战争不断，孔克齐的很多碑帖拓片遗失了。后来他看到赵明诚之妻李清照关于收藏的论述"昔萧绎江陵陷没，不惜国亡，而毁裂书画；杨广江都倾覆，不悲身死，而复取图书"[1]，更加注重碑帖拓片收藏的经典性和质量。从其收藏的《黄庭经》《兰亭序》《石经》《急就章》《化度寺碑》等碑帖拓片我们就可以看出孔克齐后来更加注重收藏经典碑帖的拓片，虽然这些碑帖拓片的版本是否优劣，我们不得而知，但是从其"其余虽满千数，亦徒堆几案耳，又何以多为贵耶"[2]的话语中可以看出其对碑帖拓片的收藏精益求精的态度。米芾曾言"赏鉴家谓其笃好，遍阅记录，又复心得，或自能画，故所收皆精品"[3]，以此观孔克齐收藏，应该可以步入赏鉴家的行列了。

### （三）追求完整风貌的收藏方式

对碑帖拓片收藏而言，有一项工作是十分重要的，那就是碑帖拓片的装裱保存。金石学从宋代兴起以后，逐渐发展成为一门显学，历代很多文人学者致力于此。到了元代，人们已然开始重视对碑帖拓片的装裱保存，而孔克齐对碑帖拓片的收藏是相当用心的。他在《至正直记》中对碑帖拓片的装裱展示有专门的论述：

> 石刻不可裁剪。赵德父收金石刻二千卷，皆裱成长轴，甚妙，盖存古制，想见遗风也。予尝论亦不必装潢太整齐，但以韧纸托褙定，上下略用厚纸，以纸绳缀之，可以悬挂而展玩；否，折叠收之，庶几不繁重而易卷藏也。或有不得已裁剪作册子褙者，凡有阙处，听其自阙，磨灭处白纸切不可裁去了，须是一一褙在册子内，略存遗制。[4]

孔克齐对碑帖拓片装裱保存的要求就一句话：石刻不可裁剪。那么为什么不能裁剪呢？孔克齐给出的理由是他曾见到赵明诚装裱成长轴的碑帖拓片，"甚妙，盖存古制，想见遗风也"。碑帖拓片本来就是要展示碑帖原本的风貌神采，如果把碑帖拓片裁剪之后，就没有其原来的形制，也就无法体现最初的风貌，那碑帖拓片收藏的意义也就不存在了。孔克齐对碑帖拓片装裱的标准就是尽量地简洁，不要过于烦琐，烦琐则不利于展收，也不要太整齐，尽可能体现其高古风貌。当然，不裁剪固然可以保留碑帖的原貌，便于学观者把握原有的整体章法的布局和风貌，但是对于书法学习者来说，临摹的时候就非常不便。

不过对于不得已需要裁剪的情况，孔克齐也有自己的看法。特别是对缺字的地方，孔克齐认为在裁剪装裱的时候一定不要把缺的字递补，而应该保留其原貌。后代对碑帖拓片中缺损的部分有很多处理方式，有的是把后面的字补到缺字的部分，使整体显得更加整齐，有的

---

[1] 王仲文：《李清照集校注》，人民文学出版社，1979年，第180页。
[2] 孔克齐：《至正直记》，庄敏、顾新点校，上海古籍出版社，1987年，第61页。
[3] 米芾：《画史》，载卢辅圣：《中国书画全书·第一册》，上海书画出版社，1993年，第983页。
[4] 同[2]。

则在缺字的部分钤印，表示自己曾经收藏过这件碑帖拓片，红色的印章和黑色的碑帖拓片的颜色对比倒是别有一番韵味。当然，孔克齐对要保持原貌的看法也有另外一个美感的诉求，那就是尽量保存其古风原貌。

当然，这里还有一个情况我们需要注意，那就是孔克齐更多的是从一个碑帖拓片收藏家的角度来看待碑帖拓片的装裱，所以其直言"石刻不可裁剪"，然而对许多书法家而言，他们收藏碑帖拓片不仅为了收藏，还为了临习取法，所以更多的是会裁剪，然后做成册页收藏，一来可以方便携带，随时观赏。二来便于临摹。米友仁言及其父米芾的碑帖拓片收藏，"先臣芾所藏晋唐真迹，无日不展于几上，手不释笔临学之，夜必收于小箧，置枕边乃眠，好之之笃，至于如此，实一世好学所共知。"①从这里看出对米芾这样的书法家来说，其收藏碑帖拓片的主要目的是为了自己的书法实践，这与一些专门从事以收藏为目的的收藏家是不同的，而孔克齐则更倾向于后者。

## 三、结语

自宋代金石学兴起以来，收藏碑帖拓片不乏其人，从欧阳修、赵明诚夫妇，到贾似道、吴说等。那么到了元代，更是有赵孟頫、鲜于枢、虞集、柯九思、倪瓒等人。与这些著名的书法家不同，孔克齐仅仅是一个爱好碑帖拓片的收藏者。但是，从孔克齐的身上我们亦能看到元代赵孟頫复古风气的影响程度之深、影响范围之广。孔克齐对古代碑帖拓片的收藏有着明确的标准，那就是晋唐以下者不收，追随赵孟頫的复古之风。而且他从一开始追求数量多，慢慢转变为追求碑帖拓片的经典性。同时，作为一位非书法家的孔克齐，更加关注碑帖拓片保存和展示的完整性，其对碑帖拓片装裱的一些看法，对后来的碑帖拓片收藏者亦有一定的影响。

**本文作者**
崔宗旭：首都师范大学中国书法文化研究院博士

---

① 岳珂：《宝晋斋书法赞》，载卢辅圣：《中国书画全书·第二册》，上海书画出版社，2009年，第576页。

# 项穆《书法雅言》"中和"思想微探

田 敏

## 一、项穆《书法雅言》"中和"思想的形成原因

### （一）时代背景的影响

一种书学思想的形成，必定不能脱离它所处的时代背景与文化环境的影响。对项穆而言，他所处的时代就具有一定的特殊性，因此对项穆《书法雅言》"中和"思想的形成影响显著。

明代初期，诸位皇帝都喜好书法，但他们的书写水平和审美能力都极其有限，并且独断专行，推行己趣，要求所有士大夫都为自己所用，为他们缮写诏书和抄写《永乐大典》，一味地要求其书法工整且排列有序，如此做法大大减少了书法的审美趣味。为了迎合皇帝的喜好，这样的风气日益严重，甚至形成了令后人诟病的"台阁体"。到了项穆所处的明代中后期，经济发展，资本主义萌芽，被长时间禁锢的人们开始反抗，致使传统思想遭到冲击。与此同时，王阳明心学兴起，整个社会处于解放思想的潮流中。以李贽为代表，宣扬人不应该欺骗自己，应忠于自己的内心，随心创作书法。至此李贽被冠上了辱没儒家经典、蛊惑文人的罪名，最后在监狱中自杀。但是，他追求个性解放的思想并没有消退，反而对明代中后期的思潮产生了巨大的影响。然而，这种追求自我、追求奇特的思潮与儒家所推崇的"中和"思想背道而驰，因此引起了古今两派的巨大争议。一些传统书家抨击这种个性狂妄的书风，而项穆就是他们其中的一员。在这样的一个关键时期，项穆作《书法雅言》，企图力挽狂澜以维护书学的正宗。

### （二）家庭背景的影响

个人书学思想的形成离不开家庭的耳濡目染，家庭环境对项穆的书学思想的形成影响颇大。项穆，出生于浙江嘉兴，当时的嘉兴有发达的农业、手工业，盛产棉布、丝绸等。这样繁荣的经济成就了项穆的巨贾之家，其家境富裕，具有良好的学习条件。必须一提的是项穆的父亲项元汴，他是明代著名的书法收藏家与鉴赏家。《四库全书总目提要》云："穆承其家学，耳濡目染，

故于书法特工。因抒其心得，作为是书。"①项穆作为项元汴的长子，从小就接受严格的家教，深受家庭环境影响。项穆的父亲和伯父均擅长书画。在项氏家族的族谱中有记录项氏家族一向重视儒家经典，对书学都持反对狂怪、追求"中和"的态度，项穆亦是如此。项元汴收藏的书画珍品颇多，致使项穆从小就受儒家经典的熏陶，可以研习晋唐名作，从内心深处就接受其中所蕴含的"中和"思想。

### （三）个人的学书经历

项穆《书法雅言》"中和"思想的形成与他个人的学习实践是密不可分的。项穆书法作品虽大都已经失传，但在《少岳诗集》中可以找到一二。项元汴所写的后续部分中包含了项穆的作品，是项穆23岁时所写，足以证明他技艺高超。据流传称，项穆与其伯父项元淇齐名，则更加肯定了这一点。由此可见，项穆书学思想的形成不是夸夸其谈，而是在自身书法实践的基础上不断总结形成的。项穆《书法雅言》一文中处处以王羲之为尊。项穆不仅推崇王羲之的书学思想，更是身体力行，以自身为表率，学习王羲之。项穆在《书法雅言·书统》中提道："逸少我师也，所愿学是焉。"②同篇中项穆将王羲之置于与孔子一般高度，这无疑是对王羲之地位最好的肯定。再者，将《少岳诗集》后续中项穆的字迹（图32）与王羲之的《兰亭序》（图33）比较，项穆的字迹属行楷，体势内撅，下笔干净利落，当取法王羲之。由此可见，项穆在学书时也一直是以王羲之为典范，王羲之自然对项穆《书法雅言》"中和"思想的形成有一定的影响。

图32 项穆 少岳诗集（局部）　　图33 王羲之 兰亭序（局部）

纵观整个书法史论，也不乏有书论作品谈及"中和"。最早在书论中提起"中和"美的

---

① 永瑢、纪昀：《四库全书总目提要》，海南出版社，1999年。
② 项穆：《书法雅言》，载上海书画出版社、华东师范大学古籍整理研究室选编校点：《历代书法论文选》，上海书画出版社，2014年，第513页。

是汉代书法家蔡邕，他提出了"势"与"力"相辅相成的观点。卫铄的书论中提出了"刚"与"柔"需要相互结合的"中和"概念。王羲之的书论中也包含着"中和"的理念，提出了变化与统一的中和美。而发展到唐代，孙过庭在《书谱》中对"中和"之美进行了深入的阐释，肯定了王羲之的书风特点。项穆承袭了前代各位书法家的书学思想，尤其是对孙过庭书学思想的继承与发展，从而形成了一套属于自己的书学体系。

## 二、项穆《书法雅言》的"中和"思想

《书法雅言》是明代著名的书法理论著作，其中具体阐述了项穆的"中和"思想，他站在儒家中庸思想、程朱理学的基础上表达了自己的书学观。此著作全书共17篇，全文以"中和"为观照。其中在"古今""资学""规矩""正奇""取舍"等诸多篇目中都以"中和"为标准，甚至单独作"中和"篇，对"中和"思想进行阐述。《书法雅言·中和》中，项穆提出对"中和"的解释："中者也，无过不及是也；和者也，无乖无戾是也。"① 项穆认为"中和"在于和谐统一，不激不厉。再者，项穆写道："书有性情，即筋力之属也……圆而且方，方而复圆，正能含奇，奇不失正，会于中和，斯为美善。"②项穆认为只有将"中和"作为书法的审美标准，书法才能做到美，做到善。这单单是从《书法雅言·中和》一篇来讲，前后文还有许多体现"中和"的部分。因此，对全文"中和"思想的表现将分为三个部分进行阐述，分别是书法继承与发展上的"中和"、书法创作中的"中和"、书法鉴赏上的"中和"。

（一）书法继承与发展上的"中和"

1. 古与今

《书法雅言·古今》一篇中所谈的是书法学习在继承与发展上的"中和"。在这一篇中，项穆明确提出了学习书法时应继承与发展相结合，二者缺一不可，要用"中和"的态度学习。在"古今"篇中，项穆如同前文"书统"篇一般，再次提出了文字的发展史，将书法分为六类。项穆提出书法的正宗，他认为只有王羲之、王献之、萧子云等才能称为书法上的楷模。另外，虞世南、褚遂良、陆柬之等人可以辅助学习，欧阳询、张旭、李邕、柳公权的书法可学习一二，这便是项穆提出的可以继承。如王羲之的《姨母帖》（图34），全篇六

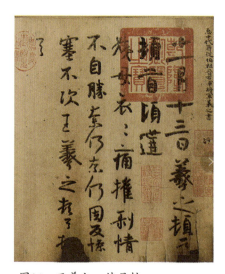

图34 王羲之 姨母帖

---

① 项穆：《书法雅言》，载《历代书法论文选》，上海书画出版社，2014年，第526页。
② 同①。

行，排布得当，间距、行距基本相等，呈现大开大合之势。用笔以中锋圆笔为主，质朴浑厚，实笔收尾，展示古朴高华的气象，不失为"中和"美的典范。

项穆认为学习书法必须以王羲之等晋人为重中之重，同时再兼顾一些后代名家，取各位名家的优点，并且结合自身的实践与兴趣爱好发展自己，形成自己的学书体系。这表明项穆认为在书法的学习发展上要持"中和"的观念，继承与发展二者必须相辅相成、互相融合。

后文中项穆以米芾为例，批评了米芾"时代压之，不能高古""真者在前，气焰慑人"的观点。①项穆认为这是米芾自我封闭，对古人过于敬畏的表现，认为其功绩已被过失抵消。在项穆看来，不学古法的人便不会有深造，因此对米芾极力批评。后文项穆又引孙过庭的"贵能古不乖时，今不同弊"②。在学习书法时需继承经典，但又不能完全脱离所处的时代，应该在继承中创新发展。总体来看，项穆认为学书应该以晋人为宗，持"中和"的理念。并且，他并不反对书法的发展变化，但这种变化不只是讲究新奇，而是要变得恰当合理，不能脱离正统。项穆在《书法雅言·品格》中提道："会古通今，不激不厉。"③学习书法应融会贯通，集大成于一家。

2. 取与舍

在取舍问题上，谈及如何学习前人的作品，同样的，项穆也以"中和"作为标准。项穆在《书法雅言·取舍》中，举世人争相临摹学习苏轼、米芾的反例。在项穆看来，盲目模仿的行为没有意义，全部的照搬、照抄不能学好书法。就如东施效颦一般，东施并没有学到西施美丽的样子，却学到了她病时闷闷不乐、眉目紧锁的神态。这对于样貌并不怎么样的东施来讲，学后反而愈加丑态。项穆用此例子更通俗地说明了学习书法时取舍的重要性。

以苏轼为例，项穆认为苏轼书法的优点在于点画雄厚强健，富有气势，而缺点在于肥扁耸动，过于倾斜。对于这样一幅有优点和缺点的作品，一概地模仿也无意义。但苏轼的字也有可取之处，因此临习之前我们应认真辨别。学习一位书家在于对其书风精髓的把握，而不是跟随社会学书的风气，不辨优劣，误入歧途。在举疯狂学习苏轼、米芾这一反例的同时，项穆再次推崇王羲之的书法，确立其正统地位。项穆提出："逸少一出，会通古今，书法集成，模楷大定。"④他认为王羲之会古通今，是集书法之大成者，王羲之的出现才算是真正地确立了书法的楷模。在后文，为了更加明确地阐述取与舍的意义，项穆列出后世诸位名家，以王羲之为参照，品评历代书家的得失。他认为欧阳询得到了王羲之秀气的风格和健劲的骨力，却缺少了温润和缓的姿态；颜真卿学到了刚强坚毅的品格，可粗犷鲁莽又是他的缺陷所在；黄庭坚学到了提按顿挫的笔法，但笔画过于伸张，导致章法弥乱。项穆在此处分析各位书法家的得失，无疑是在主张我们学习古人书法时要以"中和"的态度进行学习。临习

① 项穆：《书法雅言》，载《历代书法论文选》，上海书画出版社，2014年，第514页。
② 孙过庭：《书谱》，载《历代书法论文选》，上海书画出版社，2014年，第124页。
③ 项穆：《书法雅言》，载《历代书法论文选》，上海书画出版社，2014年，第517页。
④ 项穆：《书法雅言》，载《历代书法论文选》，上海书画出版社，2014年，第533页。

时要看清古人的优缺点，学习作品中的优点，而不是漫无目的地全部照搬、照抄。正如项穆所说："择长而师之，所短而改之，在临池之士，玄鉴之精尔。"①以这种"中和"的态度学习书法，才能学到精髓。

### （二）书法创作中的"中和"

#### 1. 规矩与神化

规矩，简单来说就是世间万事万物的法度，是自然生存发展的规律。饭菜滋味要相调、音律要相协、物品大小要相称，书法大道更是如此，都要讲究"中和"。如万物存在的规律一般，书法创作需要规矩，这种规矩就是讲书法创作标准的问题，而项穆明确将书法创作的规矩定义为"中和"。

在《书法雅言·规矩》中，项穆提出从六朝到唐代初期，萧子云、羊欣、智永之所以成为名家，是因他们都遵循了书法的审美走向，符合书法的创作规则。而到后来的怀素、赵令穰，他们不遵守规则，改变了已有的法度，抛弃了书法的古朴优雅，开始创作凌厉的新形体，这便破坏了书法的规矩。这种现象发展到米芾则更加严重了，项穆认为他刻意用激扬奋起的笔势来炫耀天资，是一种狂妄自大的表现。更为严重的是，米芾喜欢赵令穰偏斜不讲法度的体势，认为这是王羲之父子所不能及。此言论让项穆大为不满，米芾这一观点是对王羲之的否定，对正宗的怀疑，更是打破了项穆长久以来推崇的"中和"思想，项穆自然不能接受。项穆提出："古今论书，独推两晋。然晋人风气，疏宕不羁。右军多优，体裁独妙。书不入晋，固非上流；法不遵王，讵称逸品。"②再次将王羲之推到顶端，认为王羲之就是遵循规矩的典范。他提出钟繇的楷书和王羲之的行书，结合篆书的长和隶书的扁，在真正意义上达到了"中和"的方正。取钟繇《宣示表》（图35）来看，笔法浑厚质朴，点画遒劲，字体体态宽博，展现了雍容之象，体现了魏晋时代走向成熟的楷书风貌，而后世出现的没有法度、点画混乱、故作姿态的书风怪模怪样。总之，在项穆看来，书法创作学习要规矩，以"中和"作为标准。

图35　钟繇　宣示表（局部）

神化，项穆所提出的神化是在规矩的基础上而言。项穆言："规矩入巧，乃名神化，固不滞不执，有圆通之妙焉。"③规矩固然重要，但也要与变化结合。书法要随变所适，巧妙地运用规矩才能达到神化，达到出神入化的境地。项穆在《书法雅言·神化》中写道："书之为言，散也，舒也，意也，如也，欲书必舒散怀抱。"④项穆认为作书在于抒发心性，散

① 项穆：《书法雅言》，载《历代书法论文选》，上海书画出版社，2014年，第533页。
② 项穆：《书法雅言》，载《历代书法论文选》，上海书画出版社，2014年，第521页。
③ 项穆：《书法雅言》，载《历代书法论文选》，上海书画出版社，2014年，第529页。
④ 同③。

发情怀。进行书法创作时，应当巧妙地运用规矩散发笔意。持之以恒地根据形态去寻找合理的表达，才能做到融会贯通，符合该有的意蕴又不失法度。既要遵从规矩又要寻求变化，这其中也包含了"中和"的美学思想。

2. 正与奇

在正与奇的问题上讲的是书法创作在形势上的问题，也是在遵循规矩的基础上寻求变化。

项穆在《书法雅言·正奇》中指出："书法要旨，有正与奇。"①书法的正与奇，就是中正和新奇。所谓中正，就是端庄有分寸，提按顿挫，恰当合理，前后呼应，恰到好处。所谓新奇，就是讲究一种变化，跌宕起伏而又参差不齐，其中包含新颖元素。正与奇是一对相对的概念，而二者又有着深刻的联系。如项穆所言："奇即连于正之内，正即列于奇之中。"②新奇包含在中正中，而中正又是包含着新奇的中正，二者相互关联、相互依存。如果只有中正而没有新奇，书法只能做到端庄整齐，会让人觉得笨重而死板，没有新意。相反，若只有新奇而没有中正，就只有轻巧变化而失规矩。因此，这一对相反的元素又需要"中和"的标准进行判定。

书家中对于正与奇的完美把握，项穆再一次首推王羲之。项穆言："逸少一出，揖让礼乐，森严有法，神采悠焕，正奇混者也。"③王羲之既重视规矩法则，又追寻变化可以灵活运用，将中正与新奇完美结合，使二者浑然一体，为项穆心中"中和"的典范。书法的新奇不是刻意探寻，而是在日常习作中犹如灵感一般迸发，需要深入学习书法后慢慢掌握，在长期实践中达到。这种新奇，是在中正内的新奇，笔意中不失规矩，又包含了个人的情趣，才能达到符合"中和"标准的新奇。这种自然而然书写的笔意就如天然的西施一般，不浓妆艳抹也一样光彩照人。用"中和"的标准处理好中正与新奇的问题才能留得盛名，创作出不朽的作品。

3. 资学与辨体

优秀书法作品的形成，离不开个人的天资及后天的学习。个人的性情对此也会有所影响。在《书法雅言》中，项穆用了两个篇章来分别阐述资学与性情对书法创作的影响。

在《书法雅言·资学》中，项穆讨论的就是个人书法学习时天资与功夫的问题，在这一问题上项穆仍然以"中和"的态度决定两者之间的关系。资，就是天资。学，是指功夫。在本篇中，项穆指出"资分高下，学别深浅"④。每个书家的天资都有高低之分，所下功夫也有深浅之别。书法有规矩体势，不深入学习就不能领会其中的要义，也不能很好地完成习作。但如果只是空下功夫而没有天赋，字也只能做到工整，而缺少韵味、趣味，不能达到美妙绝伦。相反，如果空有天分而不下功夫，也只能是昙花一现，最后落得"伤仲永"的下

---

① 项穆：《书法雅言》，载《历代书法论文选》，上海书画出版社，2014年，第524页。

② 项穆：《书法雅言》，载《历代书法论文选》，上海书画出版社，2014年，第525页。

③ 同②。

④ 项穆：《书法雅言》，载《历代书法论文选》，上海书画出版社，2014年，第518页。

场。书有所成者，既要有聪慧的天资，也要有精湛的功夫，持"中和"的态度。

对"资"与"学"二者之间，项穆得出了明确的结论："资不可少，学乃居先。"①项穆认为如果书家的天分超过了功夫，往往会颠张猖狂，适得其反；如果功夫大于天资，才能做到中规中矩，符合"中和"的理念。项穆又引古人言："盖有学而不能，未有不能而学者也。然而学可免也，资不可强也。"②更加说明功夫的重要性。在日常学习中，我们可以多投入时间进行学习，却不能强求天资。空有天资而不下功夫的人往往空炫技法，追求标新立异，这样的人在书法的长河中始终站不住脚。只有后天努力又不失天资的学者，才能做到笔意连贯，蕴含趣味。功夫固然重要，但天资的作用也不可否认。如果天资平平的人学习书法就要付出更艰辛的努力，而对一些丝毫没有书法天赋的人，项穆更建议其学习其他门类。因此在学习书法之前，我们应找准自身定位，制定出符合自身的学习方法。

《书法雅言·辨体》一篇中强调的是个人本身的性情对书法创作的影响，因此我将它放在书法创作中的"中和"来进行阐述。在这点上，项穆继承了孙过庭"志气和平，不激不厉"③的观点。在本篇中，项穆将"中和"的审美标准贯穿到个人的性情中。世间人千千万万，每个人的性情都会有所不同。各有特色的性情形成了多样的书风，性情的不同致使每个人对书法形式的创造都会有所不同，对书法章法、笔法、墨法的表现也会有所差异。比如，性情急躁的人，往往行笔过快，线条粗犷，过于草率；而性情拘谨内向之人，往往笔意不连贯，运笔迟钝。所以，在性情这个问题上，再次需要"中和"作为标准来衡量个人性情。

项穆在本篇中提道："谨守者，拘敛襟怀；纵逸者，度越典则……此皆因夫性之所偏，而成其资之所近也。"④这是项穆对个人性情的考核，认为无论是拘束严谨还是豪放飘逸都有失偏颇，这些都是任凭自己的偏好习作，只能形成与自己性情大致相同的样式。项穆认为个人的性情也需"中和"，要克己，尽力改正自己的偏习，不能有失规矩。古有扬雄"故言，心声也；书，心画也。声画形，君子小人见矣"的论断。在这也不乏看出个人性情对书法创作的影响。刘熙载在《艺概》中言："书，如也。如其学，如其才，如其志，总之曰如其人而已。"⑤这是对书如其人最好的论断，性情决定了个人的书法样貌。历代以来对书家的性情和人品都有很高的要求，如"贰臣"王羲之让后人诟病。项穆对个人的性情十分看重，他不但以"中和"之标准约束自己的性情，更是警醒后人。他认为考量个人性情，以"中和"标准予以改正，就不必担忧书法的体势不能达到"中和"。对于书法的学习，不仅需要学会基本的技法和理论知识，更要提高自身的文学素养与内在精神。项穆虽在个人的性情上一直强调"中和"，但并不是要求每个人都一模一样，只是主张用"中和"的标准审视

---

① 项穆：《书法雅言》，载《历代书法论文选》，上海书画出版社，2014年，第518页。
② 孙过庭：《书谱》，载《历代书法论文选》，上海书画出版社，2014年，第129页。
③ 同②。
④ 项穆：《书法雅言》，载《历代书法论文选》，上海书画出版社，2014年，第515页。
⑤ 刘熙载：《艺概》，载《历代书法论文选》，上海书画出版社，2014年，第682页。

自身，弥补缺陷。

## （三）书法鉴赏上的"中和"

### 1. 老练与鲜活

在风格上的"中和"我所要谈的是老与少的问题。这里的老与少并不是平时所指的年龄上的差异，而是在书法风格上的老练与鲜活，也可以说是沉稳与活泼。老练与鲜活二者之间并不是单独成立的关系，反而应该相辅相成，互相促进。项穆在《书法雅言·老少》中提道："书有老少，区别深浅。势虽异形，理则同体。"①项穆提出书法风格上有老练和鲜活，这二者关系到个人书法的深与浅的问题。这二者虽在形势上的表现有所不同，但对书法的作用以及其中的道理大致相同。在项穆看来，知识渊博、宽宏大气、老谋深算之人，肯定是长者；而语气清亮、大智大勇者，肯定是青年才俊。书法的筋骨老辣需要老练构成，而书法的姿态体貌需要鲜活。筋骨需要日积月累地沉淀学习，姿态当以赏心悦目。筋骨与姿态相结合，老练与鲜活相结合，以"中和"作为评判标准，二者相得益彰才能创作出优秀的书法作品。

项穆推崇的最高境界是"无老无少"，也就是将二者有机结合，达到"中和"的审美标准。"玄鉴之士，求老于典则之间，探少于深情之内。"②懂得鉴赏的人，总是在书法法则之中发现它的老练，在神情姿态中发现它的鲜活。追求的是一种无所谓老又无所谓少的境地，无法判断其年龄，这样的书品才是上乘之作。

### 2. 知与识

《书法雅言·知识》中所讲述的是书法鉴赏的原则。项穆言："能书者固绝真手，善鉴者甚罕真眼也。"③在此哀叹的基础上，作为《书法雅言》中的最后一篇，项穆不仅提出了对书法家的要求，更是提出了对书法鉴赏者的要求，形成了一套完整的鉴赏体系。项穆认为，学习书法的人不能胆小懦弱也不能孤高自傲。胆小懦弱的人往往觉得困难而不敢深入学习，孤高自傲的人往往会大意而有所怠慢。在书法鉴赏时，也同样有此顾虑，挖掘过浅之人往往看不到真谛，而过于品鉴之人会因吹毛求疵反而走上怪异之道。因此，无论是学习书法还是品鉴书法都各有标准，项穆在本篇就着重强调了鉴赏的原则，以备后辈学习。

项穆根据人品的不同，将鉴赏的方法分为心鉴、眼鉴、耳鉴。这三种鉴赏方式也有高下之分，首先为心鉴，其次为眼鉴，最后是耳鉴。项穆指出品鉴书法作品的要诀在于温和而又严厉，有自身威仪，但不凶猛。这种品鉴的要诀庄严又和睦，达到一种典型的"中和"气象。

---

① 项穆：《书法雅言》，载《历代书法论文选》，上海书画出版社，2014年，第528页。
② 同①。
③ 项穆：《书法雅言》，载《历代书法论文选》，上海书画出版社，2014年，第537页。

## 三、项穆《书法雅言》"中和"思想的理论价值与意义

项穆将《书法雅言》的"中和"思想作为书法的最高理想，对"中和"观念的提倡体现到书法艺术本身，不仅对书法学习要谈及"中和"，书法鉴赏也需要以"中和"理念作为标准。书法学习中的"中和"，提及对古人的学习、对性情的把握，以及对创作的指导等。书法鉴赏上的"中和"，是教育后人如何鉴赏书法作品。

《书法雅言》这样一篇非凡之作，具有深远的价值及意义。首先，在明代中后期，王阳明心学兴起、思想解放这样一个大背景下，项穆力挽狂澜，提出了"中和"的审美标准，打破了不讲法度、思想偏激的局面。全文以"中和"为思想主线，贯穿全文十七篇目，纠正当时混乱的社会现象。项穆力排众议，重新确立王羲之的正统地位，推崇以王羲之为首的"中和"之美，以维护书学的正宗。但项穆所提及的"中和"不是固定不变的具体原则，而是有利于书法发展的指导思想。其次，项穆《书法雅言》"中和"思想的提出对书法理论的传承与发展有着深远影响。项穆对孙过庭的《书谱》所阐释的"中和"有一定继承，但项穆并非全盘接受，而是立足于自身实践，站在时代的大潮里谈"中和"，形成了一套完整的书学理论以警示后人。项穆更是以身作则，将"中和"观念立于自身。在书风混乱的情况下，项穆立足正统，将"中和"思想继续传承下去，从而在清代书坛出现了梁巘、朱和羹等一批宣扬"中和"的书家。最后，项穆旗帜鲜明地高举"中和"思想，对现代书法实践的学习仍有积极意义。学习书法要共性与个性相协调，继承与发展相结合，遵循书法已有的法度。书法学习不仅是对书学理论和手上技法的学习，也是心性的培养，不激不厉，勿张扬。"中和"思想的提出，使现代书学者立足正统，在规矩的范围内不断发展，书家的个人性情在继承的基础上表现，做到"违而不犯，和而不同"。

**本文作者**

田敏：长安大学艺术专业（书法方向）在读研究生

# 黄宾虹"金石"研究的渊流

张曙光

　　金石学肇始于两宋时期，以欧阳修、赵明诚等金石学家开启金石考据的研究道路，元明时期因帖学的发展而走向没落，直至清朝政府忌惮汉族知识分子反清复明，大兴文字狱，促使经世致用之学充满危险，汉族士大夫一方面怕受文字狱牵连而转向考据之学，另一方面也在反思明代学术"束书不观，游谈无根"而导致的亡国之灾。故以顾炎武为代表的清初学者，开启了朴学热潮，即"考据学"，乾嘉之际，随着朴学的发展，金石碑志被大量挖掘，带动了继宋代之后的又一次金石学热潮。清代中晚期以来，随着出土文物种类的多样化，除了碑版石刻和钟鼎彝器外，印章、瓦当、甲骨文、简牍等也纳入了金石探究的范围，金石学的考证也由证经补史转为对书法、绘画、篆刻等艺术的研究。黄宾虹就是出生在金石学的鼎盛时期，他一生致力于金石研究，著作颇丰，其内在的"金石"思想为其未来艺术的发展提供了重要借鉴。

## 一、黄宾虹金石学方面的研究

　　清乾隆之际，因"碑学之兴，乘帖学之坏，亦因金石之大盛也"[1]，致使清代金石学取得了巨大成就，从事金石学研究的学者日益增多。出生在晚清的黄宾虹一生致力于金石学研究，成果颇丰。上海书画出版社和浙江省博物馆合编的《黄宾虹文集·金石编》和赵志钧编的《黄宾虹金石篆印丛编》对此记录得较为全面，下面列举黄宾虹金石学研究成果，为后期学术考证提供一些借鉴，详情见表2。

---

[1] 康有为：《广艺舟双楫》，载《历代书法论文选》，上海书画出版社，2014年，第755页。

**表2　黄宾虹金石学研究详情表**

| 类别 | 研究篇目 |
|---|---|
| 古印 | 宾虹集印存序、宾虹草堂藏古玺印铭并叙、叙摹印、宾虹集印序、叙印谱、宾虹集印叙目、贞社同人印课序、宾虹草堂集古玺印谱序、古玺印铭并序、董巴王胡合刻印谱序、篆刻塵谈、宾虹藏印记、宾虹草堂藏古玺印序、宾虹草堂藏古玺印例言、宾虹草堂藏古玺印自叙、增辑《古印一偶》缘起、频虹藏汉铜印记、黟山人黄牧甫印谱叙、《印举》商兑、淮阳王玺、古印谱谈、篆刻新论、古玺用于陶器之文字、善斋玺录序、吴让之印存跋、古印概论、邵亭印存序、荆溪家塾印谱序、古玺印中之三代图画、竹北移印存弁言、古玉印序、周秦印谈、龙凤印谈、题金禹民印存、方雨楼辑古印谱叙、方雨楼辑古印谱叙言、方雨楼辑古官印序、有关北平史料之汉官印、钱君匋印存序、题洪世清印存、集古印谱书目撮录、古印文字禹迹考、宾虹草堂藏古玺印释文、说文古玺文字征、钤赠高奇峰印谱跋、蓄古印谈、藏玺例言、吴让之印存跋、跋姚石子藏汪认庵《集古印存拓本》、一尘草堂藏古玺印弁言、林树臣古玺印集序、题《洪世清印存》、陶玺文字合证、古印文字证（一）、古印文字证（二） |
| 古文字 | 篆法探源序、丁辅之商卜文集联序、东周金石文字谈、文字制作、释隹、阳识象形商受觯说、释绥、释许、释夔、图形文字 |
| 金石学 | 金石学至津逮、金石学略说、广西夏令讲学会金石学讲义、金石学者画家之优异、金石书画编、金石学、金文著录、金石学稿残篇、虹庐笔乘、金石篆印诗歌与书简选 |
| 其他 | 铜器总论、瓷器总论、玉器总论、周钟说略、鉴赏学讲义、说聿贝、汉酅城侯钧带释、四巧工传、跋罗元觉藏《宋拓云麾将军碑》、题唐瓷三彩盘、白蕉先生藏古玉圭文字释文 |

黄宾虹有关金石学方面的研究，笔者大体将其分为4类，古印类研究共计55篇，其中序文和题跋共计32篇，主要阐释书籍研究旨归、编写体例、文章内容、作者情况或对作品进行的评价；考证23篇，以考究古玺印文字、释文、形质、制作、谱录、篆刻家为主。古文字类研究共计11篇，以考证古文字的起源、形体与演变。金石学类研究有10篇，重点对金石进行笼统地著录和鉴赏。其他类研究有12篇，其中涉猎金石器物种类广泛，同以序跋、著述、考据等进行阐释。

## 二、黄宾虹"金石"研究的源流

黄宾虹是中国近代著名的艺术家，出生于清朝同治时期，经历了光绪、宣统、民国和中华人民共和国，他毕生涉猎的艺术门类极为广泛，诗、书、画、印无不精通，其中金石学研究贯穿其一生。他在金石学方面成绩斐然，受多方面因素影响，家学熏陶、乡贤交谊、游学经历、社团交往、教学历程都促使他在风雨飘摇的社会中保持对金石学的热爱和对艺术创作的执着追求。

（一）家学熏陶

黄宾虹，安徽歙县人，出生在浙江金华，世代书香，明清以来出现不少文人墨士，从祖父黄碧峰喜欢音律、作画，族祖黄白山通晓训诂，族祖之子黄吕诗书画印兼善，黄春谷研究古字本源。世态变迁，社会动荡，致使黄氏家族发展至清代中叶而尽显萧条，黄宾虹的父亲黄定华因生计被迫经商。黄定华虽为商人，但也是清朝的太学生，其以商养文的经历与其他行商者大有不同，他酷爱吟诗作画、濡笔弄墨，并好收藏字画、拓片、古印等。父亲收藏的喜好与家学的熏陶，对黄宾虹金石思想的萌发产生了重要影响。黄定华从小教育子女识文断字，黄宾虹四岁时，便教授自家墙上的楹联，并请爱好书画的私塾老师赵经田教儿认字。黄宾虹五岁时，聘请邵赋清授"四子书"，并亲自辅导儿子，《歙潭渡黄氏先德录》载："府君笑曰：'当为汝君六书之学。'余读许氏《说文》，庭训也。"①黄宾虹六岁时，从其父之友倪逸甫得"当如作字法，笔笔宜分明"的终身画训。八岁时，其父请程姓老师教儿演习经、史、子、集等；十一岁时，其父将藏有邓石如、丁敬的印集给儿阅览，黄宾虹见后临摹邓石如印章数十方。十三岁时，黄宾虹返歙应试，见到家族中所藏金石书画，借阅临摹之，并拜习于汪宗沂门下紫阳书院，学习包世臣《艺舟双楫》等金石学理论。十四岁时，黄宾虹住二伯父家期间，在歙"见徽宁名贤书籍字画，便访真迹"②。十六岁时，考入金华丽正书院。十八岁时，在金华书院修业。二十三岁时，在紫阳、问政诸书院进修骈文及金石书画谱录。黄宾虹的妻子宋若婴嫁入黄家后，也一同协助丈夫收集、整理印谱拓片等，为黄宾虹的金石学研究做出不少贡献。

**（二）乡贤交谊**

黄宾虹出生于晚清金石学兴盛的年代，书学界整体弥漫在金石碑刻、古印砖瓦的学术氛围中，其长期生活于安徽徽州歙县，故同乡的交谊对他金石学的研究影响较大。乡贤的往来多以徽州文化为主，特别是新安篆刻学派，其《叙摹印》中有云："篆刻之学，昔称新安，甲于他郡。"③歙县汪切庵是清代著名的印章收藏家，其编纂的《飞鸿堂印谱》收录古代印章三千多方，堪称徽州之首，黄宾虹在《叙印谱》中赞言"自来藏印之多，无如汪切庵"④，在歙期间经常观汪切庵的藏印，后因部分印章归落至西溪汪氏，便千里寻求以为"窥其所藏印谱"⑤，从此便踏上好古印、古文字之路。笔者通过查阅《黄宾虹文集·书信编》得知，黄宾虹与安徽老乡的通信共有22人，涉猎金石学交谊的有汪福熙、汪聪、汪穌友、胡韫玉、许承尧、曹一尘、郑履端、朱尊一。其中与许承尧互动最多，有回信66封，许承尧是方志学家，除了收集乡邦文献资料外，对徽州古籍与金石书画作品也非常青睐，故与志同道合的黄宾虹交流较多，内容多涉及金石文物，以金石印学为核心论点，黄宾虹在《与许承尧》回信中道出"前清经学之盛，至咸同中金石之学大明，金石一门，自不可缺，而篆刻学派，歙中为可独树一帜"⑥，可见黄宾虹对家乡安徽金石篆刻学派的推崇，此外还告知

① 王中秀：《黄宾虹年谱》，上海书画出版社，2005年，第3页。
② 王中秀：《黄宾虹年谱》，上海书画出版社，2005年，第12页。
③ 黄宾虹：《叙摹印》，载赵志钧编：《黄宾虹金石篆刻丛编》，人民美术出版社，1998年，第9页。
④ 黄宾虹：《叙印谱》，载《黄宾虹金石篆刻丛编》，第29页。
⑤ 同④。
⑥ 黄宾虹：《与许承尧》，载上海书画出版社、浙江省博物馆：《黄宾虹文集·书信编》，上海书画出版社，1999年，第170页。

"仆近拟致力于搜辑东周金文以经史子类为证，下极碑志写经别体字，以考其原委之蟺蜕"①的工作。与汪聪书信数量次之，有21封，汪聪是研究徽州文化和新安画派的学者，与黄宾虹沟通多为"书画同源"问题，黄宾虹认为"欲明画法，先究书法"②且"中国画由书法见道，其途径先明书法为第一步"③，信中强调近年出土带有文字图画的古物是证明书体演变源流的宝贵材料，对绘画创作有参考意义，可见金石价值之高。与汪福熙交流有10封，汪福熙是近代著名书法家和学者，年少时与黄宾虹一同参加院试中榜，此后保持友好往来，信内诉说近况为多数，并告知近年目睹的汉铜印，多次附印花或石印以呈教。与曹一尘信笺8封，曹一尘精于考证，特别在古玺与金石学上造诣较高，来往信笺以请教考证古印文字为宗。与汪穌友回信3封，汪穌友与黄宾虹同在商务印书馆编译所工作过，彼此间信笺来往的内容多以玺印、拓片及书画酬应为主，并告知近期研求古文字学之事。与郑履端书信3封，往来书信谈及印学，叙述"近十年来颇欲究心籀篆，泛览载籍，广搜金文"④，并告之"屡欲将历代印学条分缕析，成一种简易文字，以饷同志"⑤。与胡蕴玉和朱尊一往来信笺各1封，皆谈及古印之事。

（三）游学经历

黄宾虹家学的熏陶为其打下勤奋好学的基础，此后广泛的游学经历，开拓了他的眼界，结识了众多良师益友，为其金石学的研究培养了稳重求实的精神。清光绪十年（1884），19岁的黄宾虹前往南京、扬州等地游学10年，其《自述稿》云"弱冠负笈至西泠、吴门，居金陵、邗江十余年，得交知名之士，闻向学之崖岸焉"⑥，在江淮一代接触到甘元焕、杨长年、杨任山等学长后，了解到"东汉、西汉之学"与"佛学与舆地之学"，对理学与佛学产生了新的见解，此后相识收藏家何芷舠、程尚斋、金德鉴，观览书画名迹，并与刘恭甫订交于南京。26岁时，黄宾虹去往西溪问学于汪仲伊门下，日常研究书画。28岁时，黄宾虹去往潜山寻访画家郑雪湖，领悟笔法要领，下定决心将其运用至实践当中。31岁时，黄宾虹路经杭州，请篆刻名家赵穆刻"黄质之印"等印章，10年后他为黄节刻印有此印风，可见对其篆刻的影响。因同年其父黄定华卒，故事后3年"读礼家居"。34岁后，黄宾虹在安徽省内安庆敬敷书院研修。江淮游学的这10年可谓是黄宾虹命运的大转折，因经常接触博学之士并相互学术研讨，促使黄宾虹的学识大幅提升。

（四）社团交往

黄宾虹定居上海后多次筹组、参加各类社团活动，并与书画界、金石界、收藏界等众多友人广泛交往，为其金石学研究彻底打开了大门。

清光绪三十二年（1906），黄宾虹与许承尧、汪律本、陈去病等人创设抗清社团"黄

---

① 黄宾虹：《与许承尧》，载《黄宾虹文集·书信编》，第171页。
② 黄宾虹：《与汪聪》，载《黄宾虹文集·书信编》，第42页。
③ 黄宾虹：《与汪聪》，载《黄宾虹文集·书信编》，第44页。
④ 黄宾虹：《与汪履端》，载《黄宾虹文集·书信编》，第335页。
⑤ 黄宾虹：《与汪履端》，载《黄宾虹文集·书信编》，第336页。
⑥ 王中秀：《黄宾虹年谱》，上海书画出版社，2005年，第17页。

社"，以诗文来宣扬革命。清光绪三十三年（1907），因"黄社"被举报，连夜辗转上海，加入以保护国家文物为核心的国学保存会，参观了该会藏书楼中的金石书画室，结识了邓实、黄节、蔡守等人，就此开始他将全部精力投入金石书画的研究和撰写文章中。清宣统元年（1909），"为邓秋枚君约襄理神州国光（社）编辑"①，黄宾虹成为神州国光社一员，正式定居上海，在这里度过了人生最为重要的30年。他与爱好金石的邓实、黄节订交后，一同兴办《国粹学报》（图36），该刊以"发明国字，保存国粹"为宗旨，保管的是古代金石书画及古籍文献，他在该学报发表的第一部金石印学著作《叙摹印》中阐述了玺印和印谱的源流、摹印的刀法等，并提出"夫画契精华，具存金石"②，可见金石的重要性。他还同邓实合编《美术丛书》（图37），其中收集了大量的金石印学理论。与邓实合编《神州国光集》（图38）以专载金石书画。在神州国光社工作的黄宾虹还与同事蔡守结为金石书画之友③，友谊长存32年，直至蔡守去世。蔡守是考古学家、金石书画家、博物学家，生前大部分时间在广东从事文物出土的工作，两人交往使黄宾虹金石印学研究打开了新视野。通过二人存世的书信来看，他们在金石学方面的交往起始于1909年探讨古物形制与古印文字的考究，之后经常交换和互赠印章、印谱、拓片等，尤其蔡守因其工作性质可接触到第一手金石实物资料，为黄宾虹提供了丰富的研究资源。此后，黄宾虹又加入以文字宣传革命的"南社"、公益性质的邑庙豫园书画善会、研究金石书画的中国书画研究会、交易书画与古董的海上题襟馆金石书画会，使得黄宾虹在这些社团中认识了一大批书法家、画家、金石学家、篆刻家等，他们彼此切磋学术，互换作品，取长补短以提升金石学养。

中华民国元年（1912）三月，黄宾虹加入研究文学美术的文美会；四月，与宣哲共同创建以"保存国粹，发明艺术，启人爱国之心"④为宗旨的艺术研究团体"贞社"，该社汇集喜

图36 《国粹学报》

图37 《美术丛书》

图38 《神州国光集》

---

① 裘柱常：《黄宾虹传记年谱合编》，人民美术出版社，1985年，第68页。
② 黄宾虹：《叙摹印》，载《黄宾虹文集·书信编》，第239页。
③ 王中秀：《黄宾虹年谱》，上海书画出版社，2005年，第69页。
④ 王中秀：《黄宾虹年谱》，上海书画出版社，2005年，第90页。

好金石书画的名家，日常研究、鉴赏我国金石书画文物，并定期组织古物博览会，使黄宾虹与当时收藏界名流庞芝阁等人交往较多，他们都是金石之友，更加激发黄宾虹金石研究的兴趣，尤其是在古玺印方面，在沪友人就经常与他探讨相关问题。中国近代篆刻家李尹桑就是黄宾虹在"贞社"因共同好古玺而结交的金石好友，对于李尹桑的学问，他还不禁赞叹："粤中谅不乏贤俊之士，开创岭南宗派，成为巨家，足下将无容过让也。"①此外，同年吴巽沂与王秉恩等人在上海开设"和光阁"的古玩铺，也成了黄宾虹、吴昌硕等人的常去地。中华民国四年（1915），黄宾虹在上海开设了一家以"绸缪古懂，晋接时俊"②为宗旨的文物铺"宙合斋"，以作古董交易，同时让同道中人来此叙谈，探析书画金石，当时不乏金石界的名流，张虹就是其中交往甚密者之一。张虹与黄宾虹订交于1912年，友谊长达40年之久，因张虹常年来往于南北做古董生意，故与黄宾虹交往密切，店铺的部分金石字画就来自资源丰富的张虹之手，二人在交易的同时，还会对金石研究提出各自见解。中华民国十年（1921），黄宾虹受邀加入刘文渊、许铸成等人创立的"青年书画会"，又自主发起"烂漫社"和"百川书画社"；与郑昶等人开设"蜜蜂画社"，其间有张大千、康有为、吴昌硕等学者交流书画感悟。中华民国十一年（1922），黄宾虹参加以"保存国粹，发扬艺术"的"上海中国书画保存会"，结交了张伯英、王一亭等人。中华民国十五年（1926），黄宾虹成立"中国金石书画艺观学会"，后改名为"中华艺术学会"，其间与罗振玉、王国维订交，展开金石学的探讨。洪再新先生就曾认为罗振玉的书法是从中国金石文字圈内部演化而体现其原创意义的。③故对黄宾虹有一定启发。此外，罗振玉和王国维作为西学东渐中的新人物，他们一方面拥有经史学基底，另一方面吸收新"二重证据法"作为研究方式，为黄宾虹的金石研究拓宽了思路，并以他们的学术发明作为金石书画研究的必备参考。中华民国二十三年（1934），黄宾虹与经亨颐等人创办"寒三友画会"，并同易孺合编《金石书画丛刻》。此后他还加入西泠印社。

纵览黄宾虹从1907年到1937年居沪的岁月，他在社团的经历以及与友人的交往构建了坚实的金石理论基础，这30年可谓是黄宾虹整个学术生涯中的重要阶段，最终树立起他在沪上金石、书画、鉴赏界的至高地位。

### （五）教学历程

黄宾虹一生受聘于多所学校讲学。最早是在29岁教书，因"迫于生活压力，弃学业，到南京教书"④，此后39岁在歙县许宅授课；41岁在南京芜湖任安徽公学和新安中学堂的教师；65岁受聘于暨南大学中国画研究会，并应陈柱之邀去往广西桂林讲授金石学，内容围绕

---

① 黄宾虹：《与李尹桑》，载《黄宾虹文集·书信编》，第35页。
② 王中秀：《黄宾虹年谱》，上海书画出版社，2005年，第110页。
③ 洪再新：《从罗振玉到黄宾虹：金石学运动现代转型之范式》，载范景中、曹意强、刘赦主：《美术史与观念史》，南京师范大学出版社，2010年，第274页。
④ 王中秀：《黄宾虹年谱》，上海书画出版社，2005年，第26页。

"近世金石学之讨论及其范围"和"金石文字古代蜕变之大因"①展开；66岁受聘于上海美术专门学校及新华艺术大学教授国画理论；67岁任中国文艺专科学校教授，兼昌明艺术专科学校国画理论课教师；70岁任教于四川艺术专科学校与东方专科美术学校。中华民国二十六年（1937），72岁的黄宾虹受邀前往北京故宫博物院鉴定书画，并任教于北平艺术专科学校。"七七事变"后，蛰居北京10年，其间他坚持对金石书画艺术进行探索，特别是印学理论上的金石文字考证，产生了独到见解，故编成《古印文字证》，这个时期还著有《古玺印中之三代图画》《周秦印说》等。金石文字的研究促成黄宾虹的篆书书法走向成熟，很多赠送给友人的楹联作品就是这个阶段产生的。抗日战争胜利后的中华民国三十七年（1948），83岁的黄宾虹应聘于杭州国立艺术专科学校，他在生命的最后7年中仍以饱满的精神去追求自己毕生的理想，即便在双目患病的情况下，还保持着令人敬佩的壮心去潜心研究金石，于1951年撰成《古籀论证》，并于同年任中央美术学院华东分校的校长。黄宾虹一生作为一位师者，其为人师表、刻苦钻研、勤奋努力的精神造就了他艺术上的辉煌。

## 三、结语

清代金石学的兴盛对中国书画的影响尤为深远。黄宾虹的金石思想为其"五笔七墨""以书入画"的经典理论和"内美"的评价体系提供了启发，他独特的金石审美眼光为其绘画与书法实践也提供了重要借鉴。目前中国传统书画的发展呈现新的局面，在艺术风格多样化的今天，如何根植传统、守正创新是需要思考的重要议题，对于金石学的研究也许可以为当代艺术实践提供些许启发。

**本文作者**

张曙光：福建师范大学

① 王中秀：《黄宾虹年谱》，上海书画出版社，2005年，第194页。

# 书法展览与当代书法创作

钟 东

关于释今无的书法，过去已经有《明清广东法书》（广东省博物馆，1981）、陈永正的《岭南书法史》（广东人民出版社，1994、2011）、朱万章的《岭南金石书法论丛》（文化艺术出版社，2002）、林雅杰的《广东书法图录》（广东人民出版社，2004）等著作反映或论及。特别是朱万章书中有《今无阿字的诗与书法》专论一篇。通过各家的研究成果，当然能得到一些大概的印象，于其笔墨意境和文化信息，似乎对我还未餍于心。

何以故？因为在2021年5月13日广州海幢寺与广东省博物馆合作举办了"禅风雅意——岭南寺僧书画暨海幢寺文化艺术展"①，其中的文物书画，让人一饱眼福。在这次展览上，当然也看到了释今无的遗墨真迹。在欣赏之际，隐然有一些新的体会，想笔之于文，献于书学同行共参。

比如说，一是作为海幢寺住持的今无和尚，其所为作书法，与当时僧众群体有何关系？二是今无个人的经历与书法呈现的痕迹是什么关系？三是今无和尚遗墨透露出海幢寺什么样的历史地位？另外，像陈永正先生等人提出以海云寺僧群体为中心形成的"海云书派"，今无属于其中一员，其书法艺术与师尊天然和尚、同门师弟相比，在共性之外，是否有其个人的特点？如果有，是什

---

① 广东省博物馆、广州市海幢寺：《禅风雅意——岭南寺僧书画暨海幢寺文化艺术展（上、下册）：中英日文》，文物出版社，2021年9月。本文图，出自该书，第一次颂展品释文，因是研究的新史料，本文录出，供研究与参考。

么？成因如何？皆当有探讨的必要。若回答得好，将会通过个别而了解一般，即有着对岭南书法历史群体与个性的视野中，提供个案研究之例。

## 一、个人与群体

释今无（1633—1681），字阿字。文献有载，阿字禅师今无，得法天然函昰和尚，沙园万氏子。年十六（1649）抵雷峰，依天老人得度。年十七（1650）受《坛经》，至参明上座因缘。年十九（1652）随峰入匡庐。年二十二（1655）奉师命出山海关。年二十四（1657）渡辽海，归广州，再依雷峰，一旦豁然，住海幢十二年。1673年请藏入北，过山东闻变，驻锡萧府。乙卯年（1675）回海幢。辛酉年（1681）元旦，有"收拾丝编返十洲"句。九月卒，世寿四十有九，僧腊三十，著有《光宣台全集》。①其中的"住海幢"，乃是自康熙元年壬寅浴佛节正式在海幢寺升座说法起，至2021年正好经历六个甲子共360年之久。我认为当有文表示纪念，研究他的书法艺术，应是纪念种种中一件有意义的事情。

在"禅风雅意——岭南寺僧书画暨海幢寺文化艺术展"中，有一张《天然和尚师友弟子》表，前有天然和尚师父空隐道独，左有同门函可，右有友人如释成鹫、王应华（函诸）、邝日晋（函义）、屈大均（今种）、陈恭尹（今吾）、屈修（今无门人）、王隼（古翼），后而则有弟子，所列主要是海云"十今"。这个展览，择其大要。因事实上，历史文献所反映的，远不止表上，需要读者继续去追寻。虽是对参观公众知识的普及，但也对今无所处的环境有所了解。

这是同时横向的群体关系。若将今无之师天然和尚、天然之师道独和尚传记，录出以供读者参考，则可以了解"道独—天然—今无"三代纵向的群体关系。

天然和尚的师父道独，字空隐，又字宗宝。南海陆氏子。生有夙慧。年二十九，走谒名僧博山，深有领悟。博山为之登具。粤中陈子壮、黎遂球②，请住罗浮，由是振起宗风。闽人又请住西禅。旋还粤，说法海幢。慈悲普熏，机缘冥应，幢幡所指，俄成宝坊。一时节烈文章之士，多赖以成立。顺治十七年，由海幢赴芥庵，端坐而逝。年六十二，坐夏③三十三。建塔于罗浮华首台西溪。著有《华严宝镜》二卷、《长庆语绿》二卷。函昰、函可，其高弟也。④

再就是天然函昰和尚，此处既放在群体的视野中，也录出其传记资料，以见出阿字今无往上祖、师、徒三代的情况：

---

① 释古云：《海幢阿字无禅师行状》，载李君明点校：《今无和尚集》卷首，广东旅游出版社，2017年。
② 明代黎遂球，字美周，崇祯举人。杜门著述，肆力诗古文词，善画山水。时扬州进士郑元勋集四方名士于影园，赋黄牡丹诗。遂球偶遇，即席成十首，称冠诸贤。一时声名鹊起，誉为"牡丹状元"。
③ 佛教僧徒遵释迦遗法，每年夏间入禅静坐，谓之坐夏。
④ 黄任恒编纂、黄佛颐参订，罗国雄、郭彦汪点注：《番禺河南小志》，广东人民出版社，2012年，第368页。

今无和尚的师父函昰，字丽中，别字天然。华首寺道独和尚法嗣也。本姓曾，世为番禺望族。初名起莘，字宅师。年二十六，举崇祯癸酉乡试。甲戌上春官，归途病剧，感异梦而愈。自是断欲绝莘，大悟玄宗。己卯复上公交车。舟次南康，值道独和尚移锡归宗，诣求祝发。甲申后避地雷峰，旋徙栖贤，更历华首、芥庵、海幢、丹霞诸刹。晚年退居紫霄峰之净成。既返雷峰，示疾①而逝。距其生万历戊申，寿七十有八。著有各刹语录，《楞伽》《楞严》《金刚》三疏，《禅醉》《焚笔》《似诗》诸书。（《瞎堂诗集》附汤来贺撰《塔志铭》②）另外一个传记，可与上文互相补充。录之如下："函昰禅师，南雄（误，当是番禺）曾氏子。初名起莘，举崇正癸酉乡荐。与陈学佺友善，砥砺名节。甲戌，同佺上公交车归，而佺病卒。莘痛良友云亡，求了生死，昼夜苦参，豁然有省。时空隐独和尚得博山之传，隐庐山黄岩。莘往参学，蒙独印证，遂削发为僧，法名函昰。父母姊妹妻子，咸为僧尼。壬午，缁白请，开堂诃林。丙丁戊己后，粤变屡更，师丛席愈盛，每阐发禅理，三教同源，闻者莫不喜悦。住雷峰，时平南王尚可喜慕其宗风，以礼延之，师一见即还山，人服其高峻。长庆、归宗二古刹，并请开堂，师以匡庐凤缘，暂住归宗。旋即退院，居栖贤。丙寅夏，返雷峰，咏诗有"床前休问菊花期"之句。及八月二十七，作偈投笔而逝，年七十八。以盛年孝廉弃家出世，人颇怪之；及时移鼎沸，缙绅遗老有托而逃者，多出其门，始知师有先见云。③

至于"十今"，也各有传记，《海云禅藻集》以及广东的各种方志，多有本传，可明其生平。若有著述的，则见之于冼玉清《广东释道著述考》，冼先生对每一作者皆搜集资料，而成小传。不通尽录，只引阿字今无小传于此。显然，今无是清初曹洞宗天然法系中"今"字辈的大弟子，是群体中的一员。这意味着，在看阿字今无的书法墨迹的时候，要有个人与群体关系的视域，而非独立地看作是个人作品。

关于群体的视域，其实这个问题在学术界已经很清晰了。早在清代徐作霖、黄蠡编纂的《海云禅藻集》，收录释今无及居士等128位诗人诗作共1010首，其中诗僧60位，诗作共732首④。若想深入了解曹洞宗天然和尚一系的情况，此前有中山大学古文献研究所仇江老师所撰《清初曹洞宗丹霞法系初探》一文⑤，将法脉与群体的关系梳理得十分清楚。

---

① 示疾，高僧得疾。《玄奘塔铭》："自示疾至于升神，奇应不可殚记。"佛家谓其身应机缘而示现之身，故"得疾"曰"示疾"。
② 天然和尚著，李福标、仇江点校：《瞎堂诗集》卷首，中山大学出版社，2006年。
③ 阮元：《（道光）广东通志》卷三百二十八《列传六十一·释老一》，苏晋仁、萧链子选辑：《历代释道人物志》，巴蜀书社，1998年，第832—833页。
④ 徐作霖、黄蠡等编，黄国声点校辑录：《海云禅藻集》，华宝斋书社，2004年。
⑤ 仇江：《清初曹洞宗丹霞法系初探》，《广东佛教》2004年第6期，后收录在钟东主编：《悲智传响——海云寺与别传寺历史文化研讨会论文集》，中国海关出版社，2007年。

其实，陈永正的《岭南文学史》认为有海云书派，其另有的《岭南书法史》也认为有海云书派。这一点博物馆的老师持不同意见，以为没有流派。但在我看来，用文化类群的视角去看，一群人有共同的信仰、尊尚，同时互相往来频繁，在一定的历史情境中，因共同活动的因缘，其所形成的诗文书画，留存有文献与文物，这一批文化的遗产，赫然证明他们是岭南历史文化中同流而成派的。不管你肯定它还是否定它，这种意义都是存在的。

今无和尚，作为海云书派的书家，如上所述，纵向是曹洞宗天然一系今字辈的大弟子；横向说他是海云"十今"之首，广州海幢寺开山第一任住持。如此，读者应知其个人与群体的关系与位置。

## 二、历史与情境

展览中，今无和尚有一件墨迹，直接关于今无和尚的师父天然函昰禅师的（图39）：此墨迹，款字自署年代为"甲寅"，乃清康熙十三年（1674）。此作为阿字今无行书七言诗轴，诗的内容，不见于《光宣台全集》，可以说是集外佚诗。该墨迹，在《禅风雅意——岭南寺僧书画暨海幢寺文化艺术展（上、下册）：中英日文》中称为"示生颂"。原作为绢本。诗曰："高涵海月挹秋光，万顷鸿濛坐渺茫。只有太平丰盛事，不须野老叹维桑。"原作有小字注："甲寅劫风荡矣。古德谓：'建立兴盛，野老颦蹙。'老人从匡庐间道归雷峰，而福座所临，处处桃花，武陵可泛，道人无事外之理，当不许野老叹维桑。诸子欲以匡云为海云。老人曰：'否。'今无又似五千退席，不敢置喙耳。"

这一件作品，乃是用一则怀念故乡的典故，劝自己的师父回来，住山弘法，不要再去匡庐了。典故的原文出处是《诗经·小雅·小弁》："维桑与梓，必恭敬止。"汉毛氏传："父之所树，已尚不敢不恭敬。"所以，小注中"诸子欲以匡云为海云"，是门徒的意思，想让天然函昰禅师在广东，而天然函昰禅师不同意。

最后，今无也不敢多说话了。小字注的最末一句是一般俗语，说教祖师、首座等居席之端，位于众僧之上，故称其退位曰"退席"。但此处，并非俗语之意，因其所用，是"铁面退席"典故。《禅苑蒙求瑶林》引

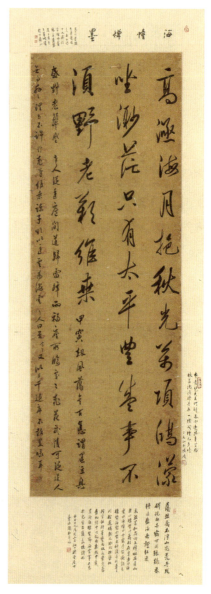

图39　释今无行书诗轴

兴化法嗣《禅林僧宝传》："蒋山元禅师殁，舒王以礼致秀铁面嗣其席。秀至山，王先候谒。而秀方理丛林事，不时见。"可见，"退席"乃是忙碌的意思。康熙十三年，正是今无去北方请藏回来羊城，全副身心于管理寺务的时候。

而小注开头，说到"兴盛""颦蹙"，也是用禅宗典故，出处在《宏智禅师广录》：

> 上堂。举风穴示众云："若立一尘，家风兴盛；不立一尘，家风丧亡。"师云："立一尘作么生受用？为甚么野老颦蹙，不立一尘，作么生受用？为甚么野老讴歌，又向其间指注去也？几许欢心几许愁，好看野老两眉头。家风平贴清如镜，水瘦山空一样秋。手段通变、身心自由，不怕风涛雪拥身。海上三山颏一掣，六鳌连落上金钩。诸禅德，是须恁么体？是须恁么用？且作么生委悉？华岳连天秀，黄河辊底流。"

这里的野老眉头，可以观家风与事业，用的是"事施设建立相"。按，"事施设建立相"是内明处四相之一，在《瑜伽》十三卷十五页云："云何事施设建立相？谓三种事，总摄一切诸佛言教。一、素怛缆事，二、毗奈耶事，三、摩怛履迦事。如是三事，摄事分中，当广分别。"

这一切，都起于小字注的第一句"劫风荡矣"，才有这么多的话说。所谓劫风，就是末劫之风。所谓荡，就是荡坏。所说的"劫风荡坏"，是有因与缘的。

从群体外面来说，劫风荡坏所指乃是康熙十二年开始的"三藩之乱"[①]，也就是清廷欲撤藩，而三藩不服，甚至起兵抵抗。作为明朝遗民，天然函昰禅师一系的僧人，心情非常复杂：一方面，对恢复明朝，寄予希望；另一方面，动乱又带来各种的不安。

从群体内部来说，天然函昰禅师在"三藩之乱"同一年，住匡庐时大病。乃于是年冬自匡庐间道归广州，其《瞎堂诗集》有诗记此事。《甲寅春日廖昆湖太守解组归里适予有移茅之役不获出祖诗以送之》："政成得请还乡去，正值桃源花发时。五老清风吹满袖，三山迟日照庞眉。金轮难买陶潜醉（予将去鸾溪），珠海谁呈宗炳诗（海幢无子请藏北行）。自笑水云情未瞥，一条椰栗送君迟。"这是春天已经有归岭南的打算，当时今无和尚正在请藏的路途之上。

关于"移茅"，天然函昰禅师诗中反复吟写，其中有一首明确说明了时间的是《秋兴八首》（丙辰海云作）其三："三十三秋污祖席，前年七夕始移茅。干戈匝地惊林木，居食从天笑斗筲。入海已深龙鳖蛰，望山犹隔虎狼咆。高峰雪月何生事，泣向西飙作解嘲。"题下

---

[①] 三藩是指平西王吴三桂、平南王尚可喜、靖南王耿精忠。这三个拥兵的明朝降将，帮清人得了天下，所以被封为藩王。但因倚兵自重，清朝感觉到障碍与威胁，所以自顺治时就有防范。至康熙十二年（1673）春，清廷决定撤藩。冬，吴三桂等起兵，天下响应。明朝遗民，也各怀心思。不过"三藩之乱"几年就平定了。

所注"丙辰",乃康熙十五年（1676），时间已经是这幅墨迹写作的后两年。

其实，天然函昰禅师除了在移茅的时候，想着"无子"即大徒弟今无之外，还有诗给今释和尚，特别提到《送止言澹归先入匡山》："曾忆紫霄峰上话，十年留滞海门东。空山背日寒犹在，春草无人绿未穷。覆瓮悔教黄叶去，移茅定在白云中。撑持赖尔难兄弟，相送河桥念朔风。"

所谓移茅，就是搬家，天然函昰禅师住匡庐，有栖贤寺等道场，但他又在寺后，建净成精舍。所谓移茅，即指此事。天然函昰禅师本来要得一块避世之地，而终有藏身不遂之感。其所用典，乃是唐代大梅法常禅师故事："一池荷叶衣无尽，数树松花食有余；刚被世人知住处，又移茅屋入深居。"①

另外，汪宗衍撰《天然和尚年谱》在康熙十二年癸丑（1673）谱中说："六十六岁，住归宗。秋，病甚。冬，今释至匡山省视。"②其所依据，乃《咸陟堂文集》③。值得注意的是，我们看到的这一个年谱，尚未得《澹归日记》加以补充。今所见《澹归年谱》，实为康熙十二年下半年的日记。汪宗衍的跋文称："此记作于康熙十二年癸丑，澹归年已六十。"④今检《澹归日记》八月初六称："得归宗两札来催，为老人病甚，与海幢速料理。即作一字与海幢、一字与石吼。"

汪宗衍《天然和尚年谱》康熙十三年甲寅，言天老人，"七月，退院住栖贤。卜隐紫霄峰之净成，未诛茅，而南康有警，时耿精忠在福建与吴三桂会师攻江西。冬，乃至三峡寺避乱入岭。"汪宗衍又有文字，在《澹归日记》跋文述及是年："是秋，有耿藩之变，天然度岭归粤，孝山亦丁忧去官。"以此故知，阿字今无在墨迹中称"甲寅劫风荡矣"之所指。

可见，墨迹中的事件，都是在一定的历史情境中发生的，这是我们透过文物的表象描述，进而作文史的探讨，有一个方向上的转折，也有一个层次上的深入。这种情况，在阿字今无和尚的另一件作品中还有着同样的意蕴。

## 三、书法与艺文

在展出的今无和尚墨迹中，还有一幅画的画心尺寸为纵59厘米、横31厘米。释文："宝积闲朝寺，琳宫尚蔚然。松杉经岁月，禾黍共芊绵。啜茗惊泉美，听钟喜夜禅。非师频接引，那遂此生缘。""山行三四日，频对老人峰。野草披黄发，明霞漱暮容。居高宜远眺，徂夏又经冬。

---

① 释正勉、释性通：《古今禅藻集》卷七，载《景印文渊阁四库全书》一四一六，集部三五五·总集类，商务印书馆，1986年。
② 汪宗衍：《天然和尚年谱》，于今书屋，未著出版年份，第74页。
③ 曹旅宁等点校：《咸陟堂文集》（二），广东旅游出版社，2008年，第79页。
④ 此跋文自称作于己亥年，即1959年。可知两个信息，一是汪宗衍《天然和尚年谱》成书于当时见《澹归日记》之前。二是汪宗衍《天然和尚年谱》未见到阿字今无康熙十三年甲寅墨迹。因为年谱、跋文都没有反映同一事件的这个文献。

待我尘缘毕，同翁老此中。"（图40）这两首诗，也是在《光宣台全集》所未载，乃集外佚诗。

在今无和尚的集子诗中，倒有宝积寺为题的诗，今录出如下：五言律诗《宝积寺》一首，在《光宣台全集》卷一九，隶于《十四游罗浮诗》之第九首："异锡穿山骨，芳膏进石流。药苗香不到，风力冷全收。足下云生岭，窗间树挂猴。未能成一宿，五负此林丘。"这十一首诗的小序，全文如下："癸丑三月，予以海幢山门毕工，神气虚耗，厌极人事，思就养罗浮，且当寒食扫塔之日，遂乘兴入山，登眺之乐悠然洒洒，才四日夕吟弄烟云，忽二天使一等侍卫顾公、二等侍卫米公至五羊，少保尚公、中丞刘公遣役追予还，相陪入山，未三鼓而肩舆戒路。冰车、铁骊之声，已宛杂于谷风涧响间矣，始信闲福未易消受，仅得十四首以纪兹游耳。"据题与序，可知今无和尚在康熙十二年癸丑（1673）三月十一日，本拟入罗浮休闲，没有想到却有官员遣役。从《光宣台全集》的同题诗，所注明的时间，正好与墨迹本相吻合。可见，墨迹中的诗作，正是同一时间所写。

《光宣台全集》中，又有七言律诗《再过宝积寺》一首："又爱新泉试好茶，重寻卓锡破烟霞。千株春树半红绿，一径山云绝正斜。平水远看吞暮磬，微阳乍出见人家。主人相款徐清论，石磴风甜闻落花。"从这首七律作品所编位置，在《光宣台全集》卷二一，康熙八年己酉诗中，而该诗后一首则是庚戌夏，则可知此诗乃己酉年赴罗浮之作。

在《光宣台全集》中，有五言律诗《望五老残雪》（图41）："竟无看雪意，自有倚楼心。草木于人贱，烟霞入眼深。到天寒愈阔，出谷势将沉。更爱

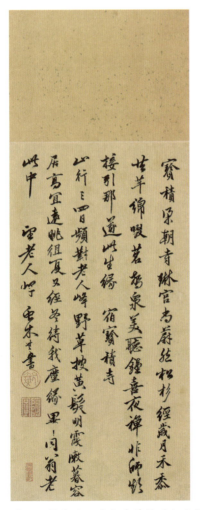

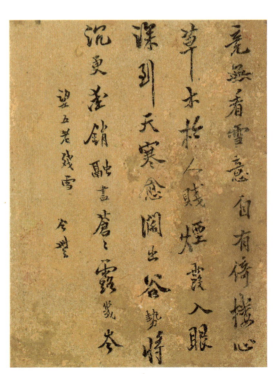

图40　释今无　宝积寺诗轴（行书）　　　图41　释今无　望五老残雪（行书）

销融尽，苍苍露几岑。"与今所见墨迹本有两个字异文，即第二句的"不奈"，墨迹作"自有"。显然墨迹本于诗意艺术性更高，一是意思同联上下句互补，二是对仗上更加工整，三是诗心上第二句对第一句增加了亮色，而非两句全用否定表达。由此可以推断，墨迹是经过作者锻炼字句的更后版本。

在我们的今天，因为书写的日常工具早已不是毛笔。正是因为毛笔从日常生活中剥离出去了，所以人们对毛笔书写的内容，存在隔世的距离。简单来说，我们今天欣赏文学作品，无疑是不同于古人，我们没有必要在毛笔书写的作品中，去欣赏诗词歌赋。这是媒介的时代区别，决定了我们今天的人不能体会古人之用心。

当然，虽然不能体味、会通古人之用心，却可以推知古人为什么说有情文、声文和形文，此事之理，当于毛笔书写的文学作品中得之。也就是说，站在古人的角度，在书法作品中看文学，既得之于视觉上的书法形式之美感，还得之于文学作品情志之美感。这两者，都是有所玩味的艺术内容，远异于今时印刷的铅字排版图书中的阅读。至于古人读诗文，用吟诵的办法，虽与此手写墨迹的赏玩有关，则又是本文探讨之外，不如暂时留白，不赘。

应当说明的是，我们必须从历史文物的书画作品中，同时看到这些书画的文献价值与文学价值。这是本节研讨的意旨，愿读者诸君明之。

## 四、诗书与往来

我们在这次展览中，显然看到不少书画作品，实际上是互相应酬而产生的。应酬，就是交际与往来。这个跟本文的第一点说的群体，有一定关系。广东省博物馆的推文，用了一个当代大家熟知的词语来表达这种关系的存在，即"天然和尚的朋友圈"。这是通俗的说法，如果严谨一些，天然函昰禅师的"朋友圈"，实际是由世缘而转为法缘。在世为师友，在法为四众。据佛典，僧伽之四众：一比丘，二比丘尼，三优婆塞，四优婆夷。《药师经》曰："若有四众苾刍，苾刍尼，邬波索迦，邬波斯迦。"①

图42释文："佛子难忘众母恩。瞿夷曾证涅槃门。离家报尽劬劳德，长寿因缘坐易论。丁未仲春为崔夫人寿。丹霞老人。"今天的人们疑惑他们的"朋友圈"是否与我们一样，显然，因法缘而成的"朋友圈"，答案是与我们不同的。

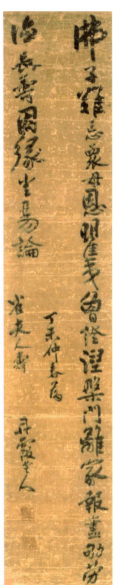

图42　释函昰　为
崔夫人寿（行书）

---

① 丁福保：《佛学大辞典》，中国书店出版社，2011年。

　　当代的人们又有疑惑，天然函昰禅师既然本来是儒士，何以出家之后就变成了佛士？其实，这个问题在当代高僧云峰长老的一篇文章中做了很好的回答。云峰长老的《明末岭南高僧天然和尚》[①]，其中详细论述了天然函昰禅师的出家、度世的生平与成就，在《参究禅机研法典》《显化群贤礼觉皇》《举家共唱无生曲》《功圆果满证菩提》小节中，对天然和尚打通儒佛，"以禅宗为纲领，融通各宗学说"，做了非常好的解释与证明。所以，这是一个不同凡响的"朋友圈"。

　　然而，他们也是人，尽管说是修佛之人。因为是人，就要有日常的往来。而这种往来，既遵儒礼，也守佛戒，是与其他众生俨然有别的一群人。在这次展览筹备过程中，广东省博物馆所藏的《诸今为崔夫人祝寿诗卷》和广州市海幢寺藏的《释函昰（天然和尚）行书为崔夫人祝寿七言诗轴》有新发现，是同一年天然函昰禅师及其弟子为崔夫人祝寿的书法。这两件作品，可以用来说明。

　　今举例子，借以说明出家诸子与俗世的同与异。

　　一是祝寿。清初诸佛子，大多经过国难，而对于同胞的生命，倍感珍惜，祝寿是表现这种珍惜之重要方式。在这次展出的海云《诸今为崔夫人祝寿诗卷》，图43是局部，反映的正是一种文字往返。

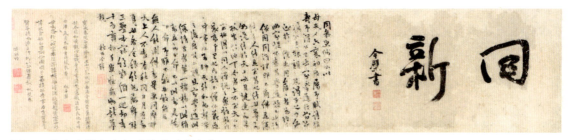

图43　诸今为崔夫人祝寿诗卷（局部）

释文：

　　第一段，"回新。今壁书。钤印：今壁之印（朱文方印）、仞千（白文方印）"。

　　第二段，"同参更涉回公'以母夫人六帙初度'，属于赋诗称寿。予谓：'公已出家学道，当思荷担如来报亲之恩，竭子之力，无远于情，复安用詹詹者为。虽然，出家疑不尽孝，学道疑不近情。俗固同词，理即不尔。佛是深情之人，法是至孝之法。世尊为何说法于天上，大目捷连为何拔苦于地下。今者，上不至天，下不至地，得以同人禅悦之乐，鼓歌于晨昏千里之内，故不仅仁义道中事也。吾师天然和尚契证之后，度其二亲出家学道，此深情至孝，第一标榜，以此称寿，是分内至命，不以此寿，是为却命。予虽不敏，安敢无言。'""无人能测佛寿星，更问

---

① 云峰长老：《明末岭南高僧天然和尚》，《广东佛教》2003年第九十一期，第12-15页。

摩耶天上人。不尽春秋同明月，有多身世各金银。饮光屡舞琴三迭，本寂余巅酒一巡。却喜十方齐拍手，莫嫌无物献尊亲。舵石今释。钤印：释今释印（白文方印）、澹归（朱文方印）、雪岩（朱文方印）"。

第三段，"宝林春暖白华发，千里云山念故乡。南浦堂前萱旧绿，别传劫外橘初黄。观心近识身恩重，清梵遥歌法乳长。他日呼回潭底月，木樨重映彩衣香。仞千壁。钤印：今壁之印（白文方印）"。

第四段，"母本修行人，晚家南溪濒。溪接罗浮泽，饮啄超嚣尘。丹砂薄服食，姑射匪所伦。团圞予嘉迹，所贵事乃真。瞿昙真贤子，德水源巨津。何以介佛寿，馥馥桃花春。俱非竹。钤印：俱非（白文方印）、今竹和南（白文方印）"。

第五段，"贤母从来知令子，令子因知老母贤。鹤发闲居松树顶，月华长照水南边。满庭兰发三春萼，□涧梅含别浦烟。青鸟衔将王母信，瑶池新宴 女中仙。乐说辩"。

第六段，"五十才添第一觥，斋心长澹世间情。春风堂下多兰桂，听德瑶池双鹤声。记汝惼。钤印：今惼（白文方印）、记汝（白文方印）"。

第七段，"楚圆拾银盂，瞿彝过离属。南溪母最贤，幽怀匪流俗。鼎食安足论，斋居耻金玉。有子学上瞿昙，远引藏岩谷。遐心薄霄汉，孤情淡寒瀑。还念倚门人，未供水与菽。悬帨适芳晨，川陵介华屋。我知良友心，亦献微辞祝。愿以寿无疆，厘并南山旭。雪木球。钤印：古球（白文方印）、雪木（白文方印）"。

第八段，"罗浮峰色生奇烟，奇烟直母南溪前。千年蝴蝶凤皇子，晴云旭日何翩翩。忆予梦入飞云顶，王子吹笙云际眠。当年江上逢君处，仿佛仪形如梦里。自言奉母在南溪，东隔罗浮三十里。英雄妒尽世间人，每揖闲僧多意气。龙唇弹罢按卢龙，眼睛直射秋云起。江楼沽酒为君欢，挑灯尽诉平生志。拟向空山筑草庐，瞿昙面目煮霜芝。丹霞不取买山钱，共老峰头醉桃李。春云霭霭透窗户，乳燕低飞傍其母。忽起仁□陟岵吟，看君裁取思亲赋。悬帨未献老莱衣，同人聊祝琅璈句。婆光遍照何时已，遥指罗浮沧海水。辅昙翼。钤印：玉渊（朱文方印）"。

第九段，"康熙六年岁丁未暮春之初吉，母崔夫人六十初度，今回以出家儿膳安，怀歉机杼教疏，遁迹久染缁衣，舞阶输菜彩。然知年有喜，讵忍忘情？介寿无疆，远抒婺祝，嘉言既盈卷轴，端偕仁人微词，亦布永怀，终惭子职"。

第十段，"升彼丹霞巅，言思南溪庐。圣天自青苍，顾瞻成唏嘘。唏嘘白发人，雄心摇庭间。杖策辞里门，念念千里余。骨肉巨楚越，离怀惊相疏。腾云任翱翔，俯仰归卷舒。岂不重陟岵，清温隔欢娱。长眷在鬌龀，晨昏色如如。十岁就外傅，诗书勉跼蹐。图荣器及早，浮名终难居。匪乏摩天翼，六翮掩不摅。奉养薄丰食，繁华还乘除。白晓与昧旦，瞬息昔流居。诸结投名林，服缁躬耕锄。恒从大知人，游心超太初。无为学干禄，方将报勤劬。金仙稽遗模，至孝达盈虚。愿言亲我母，眉寿逾期颐。冥志青莲因，秉衷长皈依。但当信慈父，日月难与期。心光合大千，离会安足虞。江湖千里外，言笑应获俱。驼颜抚诸幼，敦曺守父书。鸣鸡忆省晨，迹远中无违。何由效莱子，意满聊致词。附柬仪兄耳弟：君心远不到天涯，惜到三春只自知。隔地尚忍今秋虑，掩关翻似读书时。忍跣昏定惭吾母，犹慰朝参事我师。出世犹余瓶钵外，白云无梦鸟飞迟。今回具。钤印：今回之印（白文方印）"。①

此长卷作品，乃是今回为母亲祝寿的因缘，诸今字辈法师，作应酬文字，一同祝寿。这可以看到虽出家而犹尽孝，正如今释和尚所诠释的："佛是深情之人，法是至孝之法。""吾师天然和尚契证之后，度其二亲出家学道，此深情至孝，第一标榜，以此称寿，是分内至命，不以此寿，是为却命。"这种有精神支柱，有佛心儒行的应酬，可见道心，也见孝行，至诚之意，乃是当时遗民僧无尽的凝聚力的彰显。

二是勉徒。天然一系师徒之间，常有互相赠书写文字书法的风雅。在阿字今无的《光宣台全集》中，有呈本师天然函昰禅师的诗作不少，其中有《戊申初冬望前一日本师天然老和尚六十又一示生人天胥庆华梵交响恭赋律言敬致末祝》，全诗多达三十韵，为五言排律，此当作为一偈乎，该诗作于康熙七年（1668）："五叶回春绿，双轮导瞑流。宝坛高宿将，芳轨正中区。盛世材偏美，名山迹屡投。圆音通十域，至德仰千秋。洞水天潢浚，宗风地轴留。一麟孤玉角，四海集金彪。慧刃回烟水，神针贯斗牛。选官江右近，游岳尚平羞。圣谛凋人爵，嚣尘惜马头。阅人悬至鉴，据座得真吼。性相融相摄，行藏自可求。坐深喧斗蚁，机阔觉鸣鸠。逗月苔烟少，藏莺雪树稠。沿流抛楚玉，砮石转吴钩。雷震山常响，花明笔尽收。急湍抽蚌腹，杰石驾龙楼。道泰浇风隐，岩高瑞气浮。绛霞腾翡翠，白塵傲王侯。初地称韶石，重来即邓州。凤林存眼目，狐径铲戈矛。力劲回澜柱，风严狎水鸥。入城卑俗降，及室弛心偷。白石饶清露，彤云护绿筹。松枝生珀软，柏叶应机抽。凭槛知无际，扶筇岂有侔。灵峰犹隐隐，贝叶自飕飕。侧仰孚慈力，群趋庆鹤俦。披珠惭异掌，饮乳咽干喉。一偈称难尽，三回匝未休。梅花呈曙色，此意独悠悠。"

而图44，则是天然函昰禅师在顺治十六年（1659）五月十一日回赠阿字今无和尚的呈偈诗。

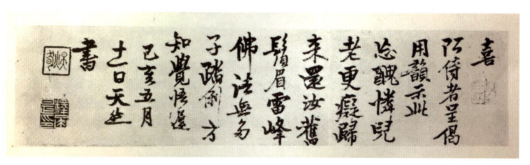

图44　释天然行书

---

① 释文由广州海幢寺大和尚光秀法师提供，依图做过校对。

再如，阿字今无和尚也会与师弟澹归释一起和天然函昰禅师。比如《己酉夏五月本师天老人二诗送澹西堂下海幢兼寄示无次韵恭和》其一："石尤风只逆归船，日日残春送晓天。近角自吹寒月外，闲心空照夜灯前。且欣好友同三夏，不觉离师又八年。老去踉跄无善计，当时错许杖头边。"其二："楚璞无因惹刖愁，眼穿层毂笑神州。能言此道霜消鬓，不见闲时月满楼。泥絮岂堪支古调，云林何用梦沧洲。三岩松柏年年绿，一任流澌滑石头。"

对于师尊的敬奉，一直在这个群体的诗文中反复出现，也在他们的墨迹中，看到师父对徒子徒孙的勉勖。既为佛子，互相之间的应酬文字，皆有刚健的精神，令人振作，令人向上。此非所谓以文字作佛事欤！

## 五、书迹与书艺

《禅风雅意——岭南寺僧书画暨海幢寺文化艺术展（上、下册）：中英日文》中释今无书迹有1653年的《诗翰轴》、1656年的《七言诗轴》、1664年的《自书诗横披》、1665年的《自书诗卷》、1668年的《与何胤论止杀书》、1673年的《墨妙歌》、1674年的《示生颂》、1681年的《宝镜三昧歌》、1767年的《与成鹫诗翰》，以及不署年份3件，共计12件。书迹如此，书艺如何？

在研究明末清初岭南遗民僧家的书法各家成果中，对他们的书风都有整体的概括，但对个体书法中的更进一步的分析，则大多是付之阙如的。这一方面研究要么是点评式的研究，要么是勾画历史长河的轮廓，要么是考释诗文的内容，要么是借书记人，要么是略论广东书法的历代走向，所以不是不能，而是未及。书法艺术走到21世纪20年代的今天，已经是一级学科的视野，我们对于历史遗墨，也不妨用现代艺术的理念加以分析。

熊秉明先生的《中国书法理论体系》[①]一书指出，书法起源时候的拟物、拟自然，是中国书法与生俱来的特性。这赋予了书法从笔法到书家都是有生命的，而且是有个性的艺术特征。熊秉明先生的探讨，对我们太有启发了。如果纵观中国书法历史的灿烂长河，我们会发现，他书中指出的书法的这种艺术特征，在历代有成就的书法家笔下，永远是存在的。今无和尚的作品，无疑是海云书派中的一个个例，他有着群体中的共同特性，也有着他自己的个性。

仔细看今无和尚的作品，我们会发现有两种主要的状态，像前面《宝积寺诗轴》属于工的一类，而《望五老残雪》则属于意这一类。所谓工，是笔法谨严的；所谓意，是意象抒情的。写得工的，是尊崇书法传统的规律，即讲求笔势、章法，彰显法度，保持传统向来对书法笔端之妙的掌控与探索。写得意的，则是传统文人尚意不尚法，主内副外，尊重自己的主观精神，笔致显得率意的写法。

熊秉明的书中，还专门比照了儒家、道家和释家的书法，各有各的追求。这里一个共

① 熊秉明：《中国书法理论体系》，天津教育出版社，2002年。

性，就是出家僧众是一个特殊的身份群体。他们书写的内容，往往与佛事有关。我们在天然函昰禅师、今无和尚、今释的集子中，经常看见他们写的诗文谈及书法，往往都是书写佛经，或者是僧人日常活动所用的笔墨。这在书法的发生上来说，僧家的作品，缘起于佛事。在熊秉明的书中，举出智永、怀仁和怀素，他说智永的《千字文》自书八百本送人，为写经僧提供规范字体。又说怀仁集王，为王羲之行书做了一本字汇，不过连贯性并不好。但怀仁所集，是赞颂佛教的文章，后附有《心经》，乃为后世提供了书写佛经或佛教文章的书法示范。至于怀素，其用心于书法，是经禅之外的余事，这也为后世僧人提供了一种生活方式，即寄意翰墨。显然，一本理论书中，只能举出少数的代表人物。而像本文前揭群体僧众，都有墨迹，这就变成了一个普遍现象。

连带的一个问题是，出家身份的人群，提笔作书，是否与修禅有关？所谓禅意的书法，就是书法既是善业，也是妙道。其所论述，颇契于心。①熊秉明还指出，佛禅之家有否定书法的书法，这就是并不执意于书法的传统法度，而表现出家悟道的内心奇妙的体验。那时，已经进入"非空非有"的妙道境界。现检视《禅风雅意——岭南寺僧书画暨海幢寺文化艺术展（上、下册）：中英日文》收录的释今无书作，大致有两类：一是禅诗，即他自己作诗自己书写，有时也写前辈如成鹫和尚的诗作，或用诗与僧友往来；二是直接写佛教经文、佛理、佛论、佛事的事情，比如《宝镜三昧歌》。这两类分别可以对应熊秉明所说的善业与妙道。

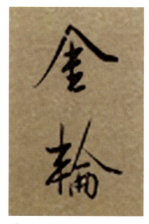

图45

现在需要指出，明末清初僧家，笔墨乃是日常，基本功夫不在话下。但是，如何表现善业与妙道，则与俗家大众略有不同。

图45的"金轮"二字，是《禅风雅意——岭南寺僧书画暨海幢寺文化艺术展（上、下册）：中英日文》第53页释今无诗翰轴的截图，从字法的疏密轻重来说，是解散书艺之法的，并不刻意于构字方法。截取的两个字，一是上宽下窄，二是上疏下密，都不朝匀称去用意。

图46是《禅风雅意——岭南寺僧书画暨海幢寺文化艺术展（上、下册）：中英日文》第59页释今无《墨妙歌》的局部，从这儿的作品题目可知本来是歌颂书法"墨妙"的，结果作者故意不用意于墨妙，表现出禅家对于文字的排斥之后而得到的真趣。正如这幅作品的词语"天机""英气""高妙非学工""神完"那样，本来不在于形式，何必拘泥于形式。图中的"成"字长

图46

① 钟东：《广东历代书家研究丛书·澹归今释》，岭南美术出版社，2012年。在书中，拙见以为似今释之为书法，即是书法做佛事，其中实用之外，即体会禅意，所谓法尔如是。

钩，"泽"字长竖，实在不是尚法之形，而是尚意之笔。

虽然如此，但图47这样虽是只看局部，仍然可以感受到释今无的书法行气很好。他是经常不经意于单字谨严和笔笔精到的努力，但是因为心在佛事，也悟禅趣，对于文字又烂熟，所以执笔作书，往往一气呵成。所以即使在局部来观看，也能见到每一行都是连贯而生气勃勃，不像熊秉明所论唐人《怀仁集王圣教序》那样的状况。

今无和尚的书法艺术，也当从僧家以及"海云书派"的共性，而再观其个性。如果像怀素的用笔细瘦、挥运迅速是其个性特征，我们就看到天然和尚是湿润稳重，今释和尚奇宕突兀，那么今无和尚就介于正与奇之间。今无和尚的

图47

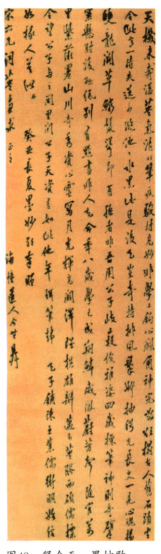

图48　释今无　墨妙歌

笔法，显然是根之于正楷，我们见他的行书中，总是有明显的提按、顿挫，这是他行书的长处。至扭转、绞动的笔法，以及长线条的使用、峻拔的结构体势，都不是他的所长，而是他师弟今释和尚的拿手好戏。但是，他的正又不如他师父天然和尚那样丰富多彩，变化多端。

风格即人，从字的风格，可见今无和尚在书法中的人格精神，稳重而不失灵活，所以天然函昰禅师自海云寺分座，让他去执掌海幢寺住持，这是得其人哉。果然，今无和尚在广州海幢寺十多年的营构，颇具规范。中间也曾遇到偷盗与劫难，都能够度过。如此，不正是在书法中可见其人吗！

图48的原件藏于山东博物馆。图片先见于《中国美术全集·书法篆刻编6·清代书法》，又见于《禅风雅意——岭南寺僧书画暨海幢寺文化艺术展（上、下册）：中英日文》第59页。此作品，是释今无书法。章法非常完整，在整体上协调，一篇浑然成章，并无滞碍。所以前文指出字法、笔法的不够，就是白璧微瑕了，是禅家书法"不立文字"之后，得以"统摄文字"，甚至趋遣文字而成书作的肌理。

## 六、结语

本文所思考的是"禅风雅意——岭南寺僧书画暨海幢寺文化艺术展",带我们回望清朝初年,那一群出家僧众。我们能看到几个向度:群体与个人、历史与情境、书画与文学、文字与往来等,所表现诸多的情况,孔子曰"诗可以群"[①],书画的作品不也是这个道理吗?

本文实际上一方面是以清康熙元年开始,任广州海幢寺住持的阿字今无和尚的墨迹为观照的主体和中心,来考稽与这些文献产生的背景情况。我们发现这些文物,都有着具体的历史因缘,而这种历史因缘的考查,不仅是学术上的考信求真的历史范畴,也是佛教缘起的一种思考和彰显。

另一方面除了钩稽那些文物产生的因缘,也就是历史背景之外,我们还试图将这些文物的历史文献价值,作一番释读。一是释文,二是读解,三是评论。显然,在本文中,重点是释与读,至于评论,并未有致力。因为重点就在于从历史文献的视角,尽量做一些让今人更加了解清初那一批遗民僧的生活、思想、文学和艺术的描述,让历史文物与文献真实地展现在今天读者的眼前。

需要指出的是,第四部分中的两件文物,同时也是文献,是广州海幢寺光秀大和尚与广东省博物馆同人在筹办这次"禅风雅意——岭南寺僧书画暨海幢寺文化艺术展"的过程中的新发现,十分珍贵。本文用了光秀大和尚提供的释文数据,在此深表感谢。与此同时,因限于文章的体例与篇幅,还未对这些数据加以解释和评论,待另作文章来完成。

最后,本文之作意,也有所感触。历史文明,有许多遗物,需要热心的人们,如光秀大和尚那样,共同收集、保护,在条件成熟的时候,提供给社会研究和学习。这对国人,可以增强文化自信;对世界,则可以文明互鉴。意义何其远大!

**本文作者**

钟东:中山大学

---

① 《论语·阳货》:"子曰:'小子何莫学夫《诗》?《诗》,可以兴,可以观,可以群,可以怨。迩之事父,远之事君,多识于鸟兽草木之名。'"

# 冯敏昌藏《司马景和妻孟氏墓志》考述

唐楷之　毛鑫洋

冯敏昌（1747—1806），字伯求，号鱼山，钦州人。其祖经邦，为增广生；父达文，为岁贡生，均为冯敏昌童蒙教育起了重要铺垫。冯敏昌童年补诸生，博通经史，乾隆乙酉年（1765），以文章闻名，深获翁方纲赏识，选拔入国学。乾隆戊戌年（1778）进士，以文章诗书名世，撰《华山小志》六卷、《河南孟县志》十卷，并修撰《广东通志》等。诗作编为《小罗浮草堂诗集》和《小罗浮草堂诗钞》。

## 一、冯敏昌金石之缘

冯敏昌书法精妙，执笔独特，面貌一新，为粤东百年来书学典范。《皇清书史》载："粤东百余年来论书法推四家，冯鱼山、黎二樵、吴荷屋、张濂山，鱼山字有气魄，然执笔横卧全用偏锋。"[1]敏昌学识广博，闻名千里。《履园丛话》载："先生之学，经经纬史，而诗歌、古文、金石、书画亦靡不贯综。"[2]足见渊博精深，学贯古今，诗文书画俱能，并在古文金石方面凸显成就。其学术之纵横广博得益于转益多师，眼界开阔，在金石领域，深受翁方纲影响。冯敏昌早年因拟古文而深得翁方纲赏识，以此结缘，翁方纲称其"予历掌文衡，所得英隽匪一，而以天才独擅，屈指君为最先"[3]，师生情谊深厚。

冯敏昌幼年受教《阮刻毛诗注疏》及"四书"，至八岁便可梳理大意，诵读至勤。数年后在其家中私塾遍览"五经"，下笔成篇，天资聪慧。乾隆二十三年（1758），敏昌时年十一，便随其父应州府两试，问答机敏过人，大受称赏。三年后，随其父往郡应例考，科试第一。其后到粤秀书院读书，至乾隆二十九年（1764）二月，自粤秀书院归乡，夏应郡例考，作各体诗，擢第

---

① 上海书店：《丛书集成续编》第38册《皇清书史》，上海书店出版社，1994年，第49页。
② 钱泳：《履园丛话》，中国书店出版社，1991年，第14页。
③ 冯敏昌：《冯敏昌集》，广西民族出版社，2010年，第489页。

一。乾隆三十年（1765）正月，赴郡应科试，主考翁方纲得鱼山拟古文《金马式赋》，"惊曰此'南海明珠'也，即擢拔第一。"旋即冯敏昌便与翁方纲结缘，一生追随翁方纲学书。乾隆三十二年（1767），翁方纲赴任至廉，冯敏昌开始受业于翁方纲，诗文为之一变。次年春，再请业于翁方纲。至乾隆三十六年（1771），翁方纲自广东返京，冯敏昌得以再拜翁师，次年二人共游名胜，至夏遂南归。其后翁方纲、冯敏昌师生交往密切，冯敏昌学问深受其师影响。翁方纲为清后期著名的金石学家，其遍览碑志，冯敏昌取其精神，并化而用之，文章诗学大有突破；亦受翁方纲影响，走上金石著述之路，成为岭南金石研究之先导。在书法艺术方面，冯敏昌秉承翁方纲质朴崇古的审美思想，在廉州结缘后，便随其遍临粤中诸地。翁方纲倡导并推动了清代金石学的发展，其广搜金石碑刻，钱泳曾评："先生之学，无所不通，而尤邃于金石文字。"①冯敏昌随翁方纲学书，翁方纲金石著录对他产生潜移默化的影响，其《甘泉宫瓦摹本覃溪师命作》诗："夫子于此开书厅，日摹石鼓校石经。"②随翁方纲问学中，冯敏昌踏上金石收藏之路。冯敏昌喜金石，对汉魏碑刻尤为倾心，家藏宏富，其《林外得碑图为何上舍梦华图》诗云："汉碑存者今可数，孔庙十三任城五。余者著录兼存亡，欧赵当时意良苦。……縏予尘事苦相羁，享帚魏志兼唐碑。因君此日成图意，忆我从前梦石时。"③由此可见，冯敏昌对金石碑志的推崇，其学书吸收汉魏碑志之精神，书风端庄而敦厚，成为清代碑学发轫之际的广东代表人物。

综上所述，冯敏昌受翁方纲的影响，广搜金石，致力于提倡北朝碑刻。其著录金石，在河南历官间，历览名山，访金石碑刻，著有《河阳金石录》。冯敏昌在清代碑学尚未发端之际，先行收藏大量金石碑刻，且多为精品，成为后世学习北碑的典范。《岭南书法丛谭》："乾隆之世，北碑渐渐出土。先生又为提倡北碑之先导，观其跋《司马景和妻孟氏墓志》，可见其眼光之远大也。"④冯敏昌遍览名碑之际碑学尚未繁盛，其对金石著录推动了清代碑学的发展，为金石碑学构建的先锋。其在河南任职时，收藏碑志，其中以"四司马墓志"最具代表。《司马景和妻孟氏墓志》出土于孟县，冯敏昌颇为珍爱，一跋再跋，此墓志为北朝墓志精品，更是其所藏碑志的代表。

## 二、《司马景和妻孟氏墓志》出土与递藏

北魏《司马景和妻孟氏墓志》，全称《魏代扬州长史南梁郡太守宜阳子司马景和妻墓志铭》。北魏延昌三年（514）正月刊石，楷书，全志二十一行，每行二十一字。清乾隆二十年（1755）河南孟县出土，同时出土的还有《司马绍墓志》《司马昞墓志》《司马升墓

① 钱泳：《履园丛话》，中国书店出版社，1991年，第2页。
② 冯敏昌：《冯敏昌集》，广西民族出版社，2010年，第82页。
③ 冯敏昌：《小罗浮草堂诗集》（第31卷），钦州佩弦斋藏版，1894年，第803页。
④ 广东省文史研究馆：《广东文物》，上海书店出版社，1990年，第723页。

志》，并称"四司马墓志"。其中以《司马景和妻孟氏墓志》最为精美，其结体跌宕，笔画挺劲。此墓志出土伊始便引发金石学家的关注，被尊为北碑墓志之典范。

乾隆五十三年（1788），冯敏昌时年四十有一，寓居河南三年，拜访友人、游览名山、访碑著录，于乾隆五十五年返京。在河南期间，其热衷游山访碑与文化教育，受邀修撰《孟县志》，留存至今。乾隆五十三年（1788）入主河南孟县河阳书院，并于次年访得《司马景和妻孟氏墓志》，于志末镌刻"乾隆己酉钦州冯敏昌观"，同年十月又镌刻题跋于志石左侧云："此石与《景和志石》三十年前于孟县东北十八里葛村出土。"①此志较三十多年前出土时已显剥蚀，但并不影响其贵重。清王昶云："然字画古质可喜，往往有隶意，尤多别体，为魏晋南北朝所罕见者。"②此志为北魏墓志精品，古貌朴质，体势峻拔；奇趣多姿，舒朗潇洒；带有隶意，英气逼人，自出土以来备受青睐，被金石收藏家奉为珍品。

现存《司马景和妻孟氏墓志》有多个版本，其中初拓本为无冯氏题款本，另有冯敏昌镌刻题跋本。今观故宫博物院朱翼盦藏初拓本，无冯氏题跋。朱翼盦自跋："其初出土时，县学生张大士购得其三，即景和、孟氏、进宗三石也。"可知，《司马景和妻孟氏墓志》出土后即被县学士张大士购得。而杨守敬曾录其志："石初藏县东北十八里药师村监生李洵家。"③据《孟县志》记载，张大士为岳师村人，岳师村与药师村应为一地，二人为同村。据《孟州史志丛话》载："司马景和妻墓志后为孟县东北十八里岳师村监生李洵所得。"④可知李洵为后得，根据晚清金石文献及孟县史志记载可知，此墓志出土为张大士所购得，后归岳师村监生李洵。至乾隆五十四年（1789），冯敏昌在河南访碑得此墓志。据朱翼盦题跋曰："武虚谷金石跋谓，石为冯户部鱼山搜出，已载入孟志。是此石出土即为鱼山所得。"查阅文献可知，此墓志并非出土即为敏昌所得。

综上所述，《司马景和妻孟氏墓志》出土后，先后经过张大士、李洵收藏，乾隆五十四年（1789）被冯敏昌访得，至清末又归端方所有，民国初归姚华收藏，今藏于故宫博物院。

冯敏昌于乾隆己酉收藏此志，是年于志文末题款，后又于左侧题跋，可见其对此志之珍爱。冯敏昌评："此志笔迹，初观殊不可喜，谛玩久之，乃信其深得书家三昧，盖已脱尽当时仿隶拙体，而又未染唐人间架习气。正如山谷评杨疯子书，所谓散僧入圣者，当为魏代石刻中仅见之迹。后由解人，当知余言之不谬尔。"⑤冯敏昌初观此志不甚喜乐，然观之愈久愈深觉其书法妙趣，称此志不刻意隶体，又出唐人楷法森严之前，隽秀多姿，古逸自然，实乃北碑之精品。此志朴茂雄强，点画方劲，撇捺舒展，字势开张，确为后世笃学北碑之典范。

① 上海图书馆：《司马昞妻孟敬训墓志》，上海古籍出版社，2015年，第2页。
② 王昶：《金石萃编》（第28卷），中国书店出版社，1985年，第587页。
③ 谢承仁：《杨守敬集》（第9册），湖北人民出版社，1997年，第251页。
④ 张思青：《孟州史志丛话》，文史资料研究委员会编印，1999年，第66页。
⑤ 冯敏昌：《冯敏昌集》，广西民族出版社，2010年，第399页。

## 三、《司马景和妻孟氏墓志》拓本

　　《司马景和妻孟氏墓志》为北魏墓志典范，其刻工精致，字势峻拔。乾隆二十年出土于河南孟县，一问世便受到碑学实践者的推崇。墓志出土后几经流转，至冯敏昌访得已过三十余年，冯敏昌得此墓志益加珍视并题跋于后。然此志石质薄脆，经过多次摹拓已见剥落。《孟县志》载："此石虽存，然较之三十年前拓本，已多损剥，良由石质脆薄，多拓定不能久耳。"①在冯敏昌访得此墓志前，已有初拓留存，十分珍贵。今存如顾千里②藏乾隆年间拓本，后无冯敏昌刻款，此本首有顾广圻题字，钤《顾氏所收石墨》《一云散人》等印，现藏于中国国家图书馆；沈景熊（嵩门）藏本，首有北平翁方纲题跋，尾有乾隆四十三年（1778）金石学家王昶题跋，现藏上海图书馆；朱翼盦藏乾隆初拓本，志尾无冯敏昌题跋，现藏故宫博物院。上述拓本均在冯敏昌收藏以前。沈景熊藏本后有乾隆四十四年（1779）朱文藻题跋："此碑为吾友嵩门所藏，岁戊戌嵩门北上……明年丁内艰遄归，余往暗别，适见此碑，乞携归。向拓一通而以原拓归之。"③可见此志其时珍贵之一斑。乾隆五十四年（1789），冯敏昌于河南任上访获此墓志后，是年先后在墓志尾部及左侧题跋。冯敏昌收藏此墓志后的拓本有三种，一为无题跋本。二为墓志尾跋"钦州冯敏昌观"本。三为墓志左侧跋四行，刻于乾隆己酉十月九日。今存李东琪藏本为无刻款本，为乾隆己酉春冯敏昌所寄赠，右钤冯敏昌印。此外，中国国家图书馆藏《司马景和妻孟氏墓志》志尾有"钦州冯敏昌观"，而无左侧题跋。可知冯敏昌在乾隆己酉暮春之际尚未刻跋，其尾跋与左跋并非同时刊刻，其尾跋应于乾隆己酉暮春至十月间所作。

　　冯敏昌收藏《司马景和妻孟氏墓志》前便有多个拓本留存，至其藏石后，又有三种版本存世，可见此墓志在当时极受关注。然而随着时间推移及不断地摹拓，此志石已经出现字口剥蚀情况。今以顾氏藏乾隆初拓与冯敏昌题跋拓本对比，可直观此志之剥蚀。

　　图49为顾千里藏乾隆年间初拓与冯敏昌跋尾拓本。从图中可以看出，自乾隆二十年出土至冯敏昌题跋后，此碑已经剥落严重，字口漫漶不清。如"魏"字在初拓本中较为清晰，而在冯敏昌题跋本中右半部已经磨损严重，仅左侧隐约可见。"代""孟""和""恒"等字明显可见字口磨损，笔画含糊不清，并较之初拓本变得肥厚。

　　《司马景和妻孟氏墓志》为冯敏昌金石碑志收藏中的珍品，其在长期的访碑中逐步构建起独特的书法观。据载冯敏昌在河南访获志石三十余方，在力行访碑并不断鉴赏金石碑刻的过程中，逐步形成"四宁四毋"之书学观念。他强调书写"手腕须和，笔头须重。宁拙毋

① 上海图书馆历史文献研究所：《历史文献》，上海科学技术文献出版社，2000年，第236页。
② 顾广圻（1766—1835），又名顾千里，字千里。
③ 上海图书馆：《司马昞妻孟敬训墓志》，上海古籍出版社，2015年，第15页。

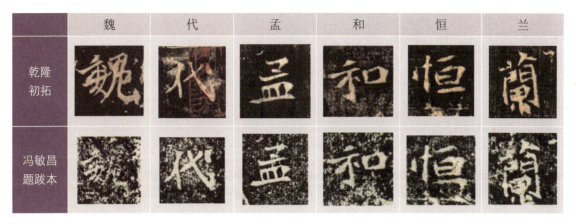

图49　顾千里藏乾隆年间初拓本与冯敏昌跋尾拓本

巧，宁苍毋秀，宁朴毋华，宁用秃笔，毋用尖笔。"①此书学观受翁方纲质朴崇古的启蒙，经历访碑淬炼得以凝练成熟。

　　冯敏昌深入金石碑志，独创用笔之法，并逐渐形成崇古观念。他与傅山所提的"四宁四毋"有所不同，其强调书法朴拙苍茫之味，强调用秃笔而不使尖笔。其书法审美表现出强烈的崇尚古朴质拙的意趣和"以碑济帖"的创作导向。在翁方纲的引导下，他根植崇古思想，访碑探求，最终形成自家书学观念。笔者于冯敏昌《司马景和妻孟氏墓志》考，探究其历官一地访求金石碑刻而不辍学问，真切领悟书艺之金石意蕴。

**本文作者**

唐楷之、毛鑫洋：上海大学上海美术学院

---

① 冯敏昌：《冯敏昌集》，广西民族出版社，2010年，第467页。

# 数字境界中的经典书法艺术交互体验
## ——以《东方朔画赞碑》为典型的教学实验案例

戴砚亮　张　冰

　　田野调查一直以来都是中央财经大学书法学专业的重点教学模块，整体思路设计以特色培养为方向，以书法鉴藏与交易为中心。田野调查的信息采集与实践教学对书法史、书画鉴定与收藏、书法鉴藏史专题研究等核心课程形成反馈与支撑。鉴于丰富的考察对象与田野调查课时限制之间的矛盾，为了让学生的考察视域更加开阔，增强田野调查成果的持续性与档案保存，尤其是应付疫情尚不稳定对田野调查的影响，我们的教学改革升级着眼于探索互联网时代实践教学的创新传播模式，探索书法艺术的继承活化、创新转换和互动体验教育平台建设。在田野调查中运用新媒体技术进行沉浸式体验（虚拟现实），以互联网传播平台为载体的互动程序（APP），将每一次调查的成果做成虚拟现实课堂，最大限度为教学回归艺术品原场景服务。

　　这是一个长效性的教学改革活动，需要持续积累与更新，至少可以帮助我们解决以下四个方面的问题：（1）校外课堂的效度与成果持续利用问题。（2）改善以往田野调查数据扁平化、图像化的问题，提供沉浸式体验的观摩效果。（3）尽力有助于文物保护，避免不必要的损伤。（4）为书法学专业教学体系与艺术通识教育提供新的教学范式。

## 一、中国书法艺术的数字化互动呈现意义

### （一）数字互动中的可达性与交互性

选择数字化作为中国经典书法的艺术传承与创新研究的突破点，首先，因为数字化让我们有了一个新的呈现方式和语境。其次，它解决了沟通距离与获取范围的问题，能够有效利用互联网+，把内容通过更加具有放大效应的渠道分发出去，让更多的人能够获取。然而，需要注意的是，数字化只能够从技术角度满足这两个基本层面的需求，如果我们想达到更高层面的需求，必须从两点入手。首先是代入感，也可以称为可达性；其次再往上就是交互性，用户不再简单的只是一个数字内容接收者，不再仅仅是通过互联网接收信息，而是引导他有意愿与内容进行有机互动。在互动过程中，内容和用户产生了更强的关联，这个关联可能是欣赏，可能是教育，也可能是触动。所有这样一些新的被增值的需求，是通过一种意象与隐喻的叙事联想，并借助数字情景创意来完成的，是在数字化的基础之上所做的叙事体验化演绎。

### （二）传统经典书法艺术的延伸价值

中国书法艺术博大精深，尤其是经典的书法作品，它们具有丰富的艺术与文化价值。更重要的是，其背后承载的社会、人文和民族精神层面的延伸价值，是历经披沙拣金留存下来的。对于初学者而言，很难有资源和精力通过查阅相关文献知识来学习，这些内容也无法从作品的观看层面了解到。因此，对于诸如天下三大行书之类的经典书迹，其内在文化价值的普及教育具有相当的难度。尤其在信息爆炸的数字化时代，人们每天应对的信息变化很难量化，碎片化的信息获取与短时间获取高信息量的一般需求，是对传统艺术作品的深度解读的一大挑战。快节奏的信息传播更新在倒逼我们的传统文化教育适应时代，紧贴公众需求，以最便捷与最普及的方式，最引人入胜的设计思路将传统文化精神春风化雨般播散出去。基于此，如果能够合理利用数字媒介，调动感官体验来直观呈现相关延伸拓展性信息，便有极大的可能让更多的人在体验与感受中了解经典书法作品背后蕴含的丰富文化价值。

综上，我们展开对经典书法艺术作品的叙事隐喻相关探索，并依据其背后展现的故事和延伸的内容，整理成可以诉诸视觉表达的素材，利用虚拟现实技术（VR）、线上交互程序等调动视觉、听觉等感官手段，进行沉浸式互动体验，达到这一交叉学科探索的目标。

## 二、《东方朔画赞碑》互动呈现目的与方式思考

在新媒体时代下，随着数字技术及互动设计的发展，我们有越来越多的途径来传承和展现经典书法艺术之作。综合疫情、位置、文物保护要求等因素，我们选择了颜真卿的《东方朔画赞碑》为核心范本。这是颜真卿众多楷书碑刻中的一件精品，石碑于1983年5月重新复制，旧碑存陵县文化馆内。碑高2.6米、宽1.03米、厚0.22米，碑身宽厚，四面书刻。碑阳和

两碑侧为晋夏侯湛撰《汉太中大夫东方朔先生画赞》，碑阴为颜真卿撰《东方先生画赞碑阴记》。碑阴、碑阳各15行，两侧各3行，每行30个字。《东方朔画赞碑》作品背后的故事是值得研究与分析的，同时更有助于本研究互动设计与开发中对虚拟现实体验环境、画面及气氛渲染的创作。

### （一）互动呈现目的

经典书法艺术作品年代久远，对初学者来说，在没有相关知识储备的前提下，无法在观看作品的同时迅速了解经典书法艺术作品背后的故事，相关文献阅读又需要扎实的专业能力和知识储备作为支撑，因此必然会在观赏中产生诸多疑问。例如，这件碑帖包括什么？颜真卿为什么要写这段文字？它只是一种事件记录吗？颜真卿是在何种背景和情境下书写的？唐代作为离我们现今很久远的年代，当时的文化与社会氛围是怎样的？这件作品影射的众多情境和内容又是关于什么？类似很多问题是我们在不具备相关知识储备的情况下急需获取的，而经典之所以为经典，恰恰是由于它背后隐含的多重价值共同构成。因此，我们力求通过理论研究与互动设计创作方案相结合的路径，探索通过虚拟媒介来再现一千多年以前颜真卿创作作品的情境，让观者走进千年前的山河绝境，并与场景产生互动，亲临经典的《东方朔画赞碑》。

### （二）互动呈现方式思考

随着历史的不断变迁，古代的社会文化语境某种程度上是探寻古代书迹的重要抓手，我们需要置身于古人所处的文化与社会背景之中，通过重建作品中部分图像化、场景化信息进而重建文字内容之间的关系，以此解构《东方朔画赞碑》这一恢宏之作深处借物言他的隐喻性美学叙事思维；通晓古人阅读书法作品的习惯和表达情感的依据，以古人之思，解今人之惑。目的是引导公众感受艺术家所创构出的意气、精神与境界，借美学观建构作品、观者、历史文化之间相互对话的通识文本和叙事语境。

## 三、《东方朔画赞碑》的互动体验设计过程

第一，作品的历史文化语境考察。《东方朔画赞碑》是颜真卿于唐天宝十三载（754）所书。其时，颜真卿受杨国忠排挤而被贬出任平原郡（今陵县）太守。未几，安禄山反意已显，派人去平原郡访查游说。颜真卿一面加紧准备兵马粮草，一面泛舟饮酒佯装懈怠，以此麻痹安禄山。与使者同游时，颜真卿见《东方朔画赞碑》残破漫漶，便亲书赞文，重刻石碑。此后安禄山谋逆，唯平原郡得以坚守。为更好地展开《东方朔画赞碑》的数字化交互体验实践创作研究，我们尝试通过收集相关记录材料、理论文献、图像痕迹、田野调研、人物与史实背景研究等多方面努力，力求真实还原颜真卿书写此碑前后的相关叙事语境，展开相关信息的串联和联想，激发数字互动设计创作思路。此外，在这样系统化、网格化覆盖的研究网络之下，所收集整理的大量一手素材对本项目的信息数据可视化打下了坚实的基础。

第二，将经典绘画作品的叙事性表达作为《东方朔画赞碑》图像情景化的参考来源。中

国古代绘画很重要的功能之一就是对真实事件的记录，这个功能类似今天人们对于重要事件进行影像资料的形式存档。在没有摄影技术的古代，绘画便承载了这样的功能。通过对大量晋、唐、宋代经典艺术作品的研究发现，卷轴画作为这样的一种记录载体，非常适合进行图像情景的还原表达。例如南唐名作《韩熙载夜宴图》中对韩熙载邀请宾朋的宴会情景记录，即是通过主人公当时所处的一幕幕真实情景进行分段展示，类似于连环画，这种形式成为我们展开图像表达的重要借鉴依据。

第三，调研唐风元素。对唐代建筑、服饰、色彩、图案元素展开相关资料收集，以此作为依据，准确建构图像表达，真实地带领体验者走入"千年前的唐朝"。确定了红色（唐代标志性颜色）、金黄色（浮华背后的战争隐喻）、白色（表面的平静）、黑色（肃杀）为图像创意的主体色系。

第四，建构数字化档案。结合文献发掘和实地田野调查，对该碑石展开数字化资源库建设，通过扫描实物进行三维虚拟模型搭建，以此作为后续动态设计和交互体验创作的核心资源。（图50）

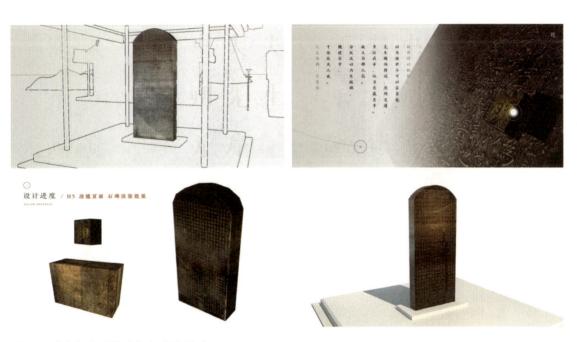

图50 《东方朔画赞碑》数字化档案

第五，动态语言的创意表达。这部分作为线上交互平台重要的背景引导线索，突出的作用是给予体验者快速的历史背景代入感，让体验者身临其境地感受颜真卿当时的境遇，有助于体验者以准确的情绪和感受进入经典艺术作品的品读之中。通过对相关资料的调查，笔者确定了一种对立的情绪作为动态图像的一个节奏基调，即以表面上的风雅之事背后隐喻着暗藏杀机的埋伏。选用剪影式人物与场景的根本原因是使观者观看动态影像之时不会被过多的主观因素所左右，把所有的注意力与感知情绪都投入对叙事情节的体验之中。

第六，虚拟现实与线上交互体验设计。在这一环节的创作中，我们拟定了启动画面、穿越历史、环境体验和开启石碑四个环节来递进展开。具体为从大门开始（启动画面），一道道门陆续打开，其中穿插的是《东方朔画赞碑》的背景故事和叙事线索（穿越历史），以第一人称视角还原颜真卿所处的真实境遇。一层一层的穿越也暗示着颜真卿面对国破家亡情形下心里逾越的一道道难关，这其中对于历史背景的视觉引导（如叛乱、屯兵、沉思、泛舟）融合文字解读、声音，使体验者在进入碑石观看前就基本完成了对于相关历史资料的知识性拓展与延伸，也是利用交互体验达到一种第一人称沉浸式体验的意境。（图51）

安禄山派人以采访使判官的名义，巡视平原郡，刺探防务情况。

颜真卿借口字迹漫漶，乘机重写了《东方朔画赞碑》。

第二年十一月，安禄山攻陷东都洛阳，伺机进攻长安。

颜真卿带兵苦战，最终城破被俘，一家十几口被斩首于市。

《东方朔画赞碑》成为颜真卿维护中华民族团结统一的光辉业绩的记功碑。

功能页面

镜头推进，来到三维环境。

图51 《东方朔画赞碑》叙事线索视觉呈现

进入虚拟现实场景后，体验者可以观看到一个空旷的场域中屹立千年、历经沧桑的数字化三维石碑（环境体验），并可以围绕石碑360度地观看这座经典的楷书碑刻，体味历史的厚重感，在无法亲身到达石碑实境的情况下，可以零距离感受这种千年传承的文化感染力。（图52、图53）

返回观看模式

进入阅读模式

读到关键字时，关键字突出显示

左右滑动，可以阅读石碑内容，石碑随着阅读进度自行移动。

图52 《东方朔画赞碑》虚拟现实场景体验

读到关键字时，关键字突出显示。

返回观看模式

点击关键字，可以将关键字收集起来。

左右滑动，可以阅读石碑内容，石碑随着阅读进度自行移动。

图53　《东方朔画赞碑》虚拟现实场景交互

在观看体味之外，体验者还可以通过旋转、放大与缩小石碑的模型，交互观看具体的文字解读、文献资料延伸及先贤书家对此件作品的品评与赞叹（开启石碑）。

这一教学实验探索通过对中国书法艺术的数字化互动呈现，利用互联网及数字媒介传播和传承艺术遗产，助力中国经典书法艺术的教育与传播的普及。有了目前的基础，我们还将不失时机地深入拓展，整理更多的经典书法遗迹，让体验者能够以第一人称的视角参与经典书法艺术作品的创作过程中，使今人更好地与古人展开对话，以此吸引年轻群体和海外人群关注中国传统书法艺术，讲好中国书法故事。

这一特色数据档案库的建设是对校内课堂的有机补充，大大提高了田野调查的成果使用效率，还可以为书法专业师生的学术研究提供便利。数据档案库的建设会成为艺术专业教学的新范式，扩展实践教学的宽度，建构教学与研究的重要基础。这种范式的推广价值很大，可以让全国的书法学科与文博单位、考古单位等建立起良好的沟通机制，可以为博物馆的教研合作提供扎实的技术与数据库支持，建构出一套层次清晰、可操作性强的校外课堂实践教学体系，与第一课堂相辅相成。

**本文作者**

戴砚亮、张冰：中央财经大学文化与传媒学院

# 当下小学书法教育现状、反思与构建

## ——从民国小学书法教育模式谈起

王阁祥

## 一、民国小学书法教育

### （一）书法教学目标

书法教学目标是关于书法教学将使学生学习书法发生何种变化的明确表述，是书法教学活动的导向，也是对学生学习书法产生结果的期待。民国时期的书法以"实用"为核心，为此更多地偏重于应用价值而轻淡艺术价值。为此，束樵如先生言道："书法的目的有二：一是应用的目的，二是美术的目的。在外国只注重第一个目的，在中国却二者兼重。一般教学书法的人，多以后一个目的为重，我们对于书法的教学应该注重应用的目的，而不该注重美术的目的。"[1]通过民国教育部颁布的小学书法课程标准（表3）中即可得知。

表3　1912—1948年民国小学书法课程标准一览表[2]

| 年份 | | 标准内容 |
|---|---|---|
| 1912 | | 书法所用字体，为楷书及行书。遇书写文字，务使端正，不宜潦草 |
| 1916 | | 书法所用字体，为楷书及行书。遇书写文字，务使端正、敏捷，不宜潦草 |
| 1923 | 初小 | 能速写楷书和行书，方三四分的，每小时二百五十字；方寸许的，每小时七十字 |
| | 高小 | 能写通行的行书字体 |
| 1929 | | 练习书写，以达于正确、清楚、匀称和迅速的程度。练习：随机设计，书写应用的书信柬帖等文件，以及规定时间习写(临摹等)范书或字帖。认识：通用字的俗体破体草书的认识，书信柬帖等书写格式的辨别 |
| 1932 | | 指导儿童练习写字，以养成其正确、敏捷的书写能力。练习：规定时间练习正书行书，并随机设计习写应用的书信、公告等。认识：通用字的行书、草书及俗体的认识 |

---

① 束樵如：《小学书法教学之研究》，《教育实验》1932年第2期，第20页。
② 课程教材研究所：《20世纪中国中小学课程标准·教学大纲汇编（语文卷）》，人民教育出版社，2001年，第11—12、15—17、22—23、30—31、40—42、59页。

（续表）

| 年份 | 标准内容 |
|---|---|
| 1936 | 指导儿童习写范字和应用文字，养成其正确、敏捷的书写能力。练习：正书、行书的习写与实用文的抄写。认识：通用字行书、草书及简体字的认识 |
| 1941 | 教导儿童习写文字，养成其整齐、清洁、迅速的书写能力。写字类各项训练、辨认、习写、影写、仿写等教材都应注重练习，写字工具的运用收藏注意讲述 |
| 1948 | 指导儿童习写文字，养成书写正确、迅速、整洁的习惯 |

从表3可见民国时期对小学书法教学的标准设定是在不断修正的。1912年至1923年的标准总体表现为粗陋概括性的阐述特点；1929年至1948年的标准总体展现出逐渐趋向规范、合理、全面发展的特点。在书体练习上以楷书、行书为主，辅以草书及俗体、简体字的认识等，不仅要求字体书写端正、美观，而且还要养成正确、敏捷的书写能力和审美能力及观念，并达到学以致用。对于书法的习写目标准则而言，也是表现为不断修正完善的态势，且其中规定各不相同。（表4）

表4　1912—1948年民国小学书法习写目标准则一览表[①]

| 年份 | 1912 | 1916 | 1923 | 1929 | 1932 | 1936 | 1941 | 1948 |
|---|---|---|---|---|---|---|---|---|
| 目标准则 | 端正 | 端正 | | 正确 | 正确 | 正确 | 正确 | 正确 |
| | | 敏捷 | 速写 | 迅速 | 敏捷 | 敏捷 | 迅速 | 迅速 |
| | | | | 清楚 | | | 整齐 | 整洁 |
| | | | | 匀称 | | | 清洁 | |
| | | | | | | | 审美 | |

从表4内容中可见1912年至1923年目标准则设置粗陋简单；1929年虽有完善特点，但至1932年又表现出倒退之象并一直延续到1940年；而1941年则猛然突变，除了重视书写的正确、迅速、整齐、清洁之外，更是增加了对"审美"的重视，是最为详细全面的目标准则；可到1948年"审美"一项取消，并将1941年的"整齐"与"清洁"合并为"整洁"。宏观而言，民国时期小学书法教学总体呈现为重视正确与实用的倾向。然而小学作为书写入门的基础时段，主要做好"端正""正确"等要求是必不可少的任务。就小学学生书写状况而言，虽然书写的字体谈不上美观，但要正确清楚让人一目了然，这样才可融入社会实践中，如果"端正""正确"两项都做不好，那又怎么追求"敏捷"与"迅速"呢？因此，小学学习书写汉字要遵守相应的"规律"与"条件"，切勿急功近利。这些标准最终是要求学生能运用到实际生活中以达到应用之目的，这也很切合当时广泛传播的实用主义教育思潮——"教育

---

① 课程教材研究所：《20世纪中国中小学课程标准·教学大纲汇编（语文卷）》，人民教育出版社，2001年，第11-61、275-316页。

即生活"。同样"学校即生活"，为此学校的教育主张是教育要与生活实际相结合，以培养出适合当时实际社会需要的人才。因而，民国时期的小学书法教育在此种思潮影响下，教学目标的制定同样也是遵守了"实用主义"思想，以使书法教学偏向实用。

### （二）书法教学实施

明确了教学目标后必是相应的具体教学实施，但纵观民国小学书法教育实际情况发现，其教学质量并不乐观，且问题颇多。"民国时期小学课程图、工、音、体皆有专门教员，惟对国粹之书法独付阙，如习字功课虽列入公民课程中，却无规定时间，一任国文教员随意上课，其是否有书法知识不明确，而教员中若为旧学出身尚能略知一二，其为中学或师范毕业生根本不会受此项学术之训练，实无方法以教人。"[1] 况且"在小学中已归国文科，至中学以上，则'书法'二字，已置于无乌有之乡。除此之外，就是环境，试看现在一般小、中、大学生，哪一个不亲近铅笔、自来水笔，甚至作文写信，都用自来水笔，用自来水笔的机会愈多，就是用毛笔的机会愈少，'书法'二字，非惟无从讲究，并且无从谈起"[2]。从上诉书法堕落原因：其一是有教育制度的改变，其二是工具使用环境的改变，其三是社会转型以及国际化进程的加快，其四专业书法教师的短缺。这些都是当时的有识之士对书法教育问题的鞭挞。现以江苏省立第三师范附属小学书法教授为例，来窥探民国小学书法教学的过程。（表5）

表5　江苏省立第三师范附属小学书法教授一览表[3]

| 类别 | | 项目内容及方法要求 | |
|---|---|---|---|
| 预备 | | 准备课上所用的书法工具，调配好墨汁等 | |
| 补正 | 矫正共同谬误 | 提出试习时共同谬误，用问答法矫正之 | |
| | 问答注意之点 | 逐字问答说明位置，偏旁头底之间架、结构及用笔之轻重变化，并指示本单元应注意之处 | |
| 示范 | 板上 | 教师将范字纸帖板上当众范书，随笔问答说明应注意之点<br>1. 基本示范：示以笔画，问答说明其名称、位置及笔意<br>2. 部分示范：示以字之一部分。如偏旁冠底等，并随时问答其名称及笔顺结构 | |
| | 膝前 | 教师在教台范书，将儿童分为数组，令轮流至膝前详观写法<br>1. 基本示范：示以笔画令细观运笔法<br>2. 部分示范：示以字之一部分，令详观间架配合及运笔徐疾轻重等<br>3. 全字示范：示以全字令注意全字结构之配合法，并提出笔意之不易明白者，指示之 | |
| | 桌间 | 巡视时见摹写不合格者，教师即在儿童练习簿上示范，使儿童观书写时之运笔，并供练习时之临摹，观察正确使下笔有把握，进步迅速。1. 基本示范；2. 部分示范；3. 全字示范。三者皆同膝前 | |

---

① 陈公哲：《小学书学教育之基础》，《书学》1945年第4期，第58页。

② 李肖白：《书法问题简论》，《绸缪月刊》1934年1月第2期，第5页。

③ 国文部研究报告：《书法教授顺序说明书》，《江苏省立第三师范附属小学国文部研究报告》1920年第2期，第132-139页。

（续表）

| 类别 | | 项目内容及方法要求 |
|---|---|---|
| 练习 | 书空 | 令书空以熟悉笔顺，包括手指书空与执笔书空 |
| | 簿上 | 各自练习方法可分印写、临写两种。字数虽不必限制，但要有一定之范围。1. 基本练习；2. 部分练习；3. 全字练习 |
| | 复习 | 基本复习：上课之始令练习"永"字以熟八法。记忆复习：令将练习诸字暗写 |
| | 订正 | 共同订正：对全班学生共同在板上订正、判定字的间架、笔法至谬误缺点<br>巡视订正：对个人书写之间架结构及运笔不合理处，随时用毛笔改正说明 |

课堂时间为三十分钟，要完成前一天所留下的书写问题，再进行当日的书法教学工作，表中为正式上课的主要教授情况，在上课前还需要做一些准备工作，之后再正式进入教学状态。从上述信息可知，书法教学大致分成四个板块，首先是预备，其次为补正，再次是示范，最后为练习。此四个板块的具体操作视当时具体的教学情况而定。此种教学也显示出良好的书写习惯，在书法课前皆注重课前准备工作，以使学生养成良好的书写习惯。其间的笔画、间架、字体、范字等的教授，多注重汉字笔画顺序的准确以及结构匀称正确的讲授，以此使学生能打好字体正确美观的基础观念。然而练习环节是为其培养学生在生活实际中速写以及誊写文字的应用能力，以备以后工作书写所需。

（三）书法碑帖的选择与临习之法

学习书法选择碑帖最为重要。民国时期的碑帖选择依然延续传统的名家碑帖作为范本，如楷书多以欧阳询《九成宫碑》、颜真卿《颜氏家庙碑》、柳公权《玄秘塔碑》等为范本，行书以赵孟頫、王羲之等的行书为范本。然不同之处在于，民国时期作为新时代（相对于清代以前），大量的西方新思想、新学科的引入，使得当时的教师思想不再守旧，更多的是重视学生个人性格以及因材施教的方法，为此更突出以人为本的理念。对此时的选帖标准较之古代有了明显的区别。传统教学是以教育者为标准，相对主观，而其优点是教师对于所选书家碑帖有着特殊心得，经验丰富，并能专心教学，方法明确；缺点是埋没了学生个性、兴趣，造成药不对症之弊。然而新学制教学下则是"以学生个性为主，因材施教，相对客观，此优点是根据学生个性喜爱，选取范本，有事半功倍之效；缺点则为如果教师对于各家书法无相当的造诣，融会贯通，就会导致学生彷徨歧路，见异思迁，终究因泛泛涉猎，难于精到。"[①]选帖最终还是临写，对于临写之法当时常用的有口唱、书空、扶手润字、描写、映写、临帖、自由写等法，其程序为扶手润字，注重要领，先大（适中）后小，先慢后快，先方字格，后无字格。然而习书有一定的训练步骤，循序渐进，方能有效。首先是沙盘练习，在教室内设置沙盘一个，令儿童围立，教师用手指教他们学习，先用食指，后用竹箸或芦梗；其次是有一定基础后再进行石板练习，教师先示范，说明笔画的起止顺序，令学生口唱并书空，后令学生在石板上照样书写，教师巡视指导；再次是熟练后结合铅笔练习，其方法同石板练习，不过要格外注意姿势，如执笔按纸等，须先示范；最后是毛笔练习，按上述方

---

① 曹建、徐海东、张云霁：《20世纪书法观念与书风嬗变》，上海三联书店，2012年，第250页。

法与程序教授。

　　以上论述了民国时期的小学书法教育的大致情况，无论是教学目标、教学实施还是碑帖选择以及临习之法，这些都给了当下的小学书法教学一些启示，那当下小学书法教育究竟如何实施呢？其基本发展现状又是怎样的呢？教学又是怎么样的呢？

## 二、当下小学书法教育现状

　　当下书法教育尤其是中小学书法教育，从2011年8月2日教育部颁布《关于中小学开展书法教育的意见》开始，我国当代中小学书法教育正式拉开帷幕。经过将近十年的发展，中小学书法教育取得了一些成就，但总体相对于高等书法教育而言依然任重道远。虽然教育部陆续颁布了一系列的相关文件来推动中小学书法教育，但实际效果却有点差强人意。其中出现的一些问题也令人对中小学书法教育的未来担忧，虽然对这些问题，在教育部颁布的文件中已经做出了具体的规划与安排，可现实具体的状况与地域需求的不同差异，也导致工作难以顺利进行。

　　第一，关于书法课程教学时间及课程（教学内容）。根据教育部《关于中小学开展书法教育意见》（教基二〔2011〕4号）规定："中小学校主要通过有关课程及活动开展书法教育。在义务教育阶段语文课程中，要按照课程标准要求开展书法教育，其中三至六年级的语文课程中，每周安排一课时的书法课。……中小学校还可在综合实践活动、地方课程、校本课程中开展书法教育。"从规定可知，书法课程在语文课程中进行，而且时间是每周一课时（具体时间规定未做明确说明，笔者按普通课程要求的45分钟计算），此种安排对于总课程而言书法教学所占的时间微乎其微。然而对书法课程中具体的教学内容，虽然做出了规定以及相对应年级具体的教学方案，但在实际的小学教学中这些规定形同虚设（有些县、市、乡镇地区）。学校虽有书法课程，然而课程时间往往被其他的课程所占据，例如笔者家乡的小学书法课程，笔者在实践调查与访问相关学生时发现，学校有书法课程的安排，也有相应的教材发放，但学校在课程表上并没有书法课程的安排。此外在语文课程中，偶有关于汉字书写的教学，但也是草草了事，无具体的实质性教学，有的老师甚至不涉及书法讲解。就此笔者询问了一些本市重点小学的书法教师，反馈的情况是较乡镇（农村小学）好一些，但对于书法课程的具体实施过程却含糊不清，几乎没有具体的教学方案，多是根据书法教师个人的意愿教学。这些反映出国家虽然大力推广中小学书法教育但在推广过程与实际实施中出现偏差，这也是当下相关的教育部门及教育工作者亟须解决的问题。

　　第二，关于书法教材的使用情况。针对开展中小学书法教育的实施，教育部于2014年12月18日发布了《教育部办公厅关于2015年义务教育书法教学用书有关事项的通知》，并通过审核编著了11套书法教材《义务教育三至六年级·书法练习指导（实验）》进入《2015年义务教育书法教学用书目录》。这是教育部第一次对书法教材进行统一的规整，并且这11套书法教材都附有具体的教学指导，这些教材的出现对当下小学书法教育教材的使用提供了参考。[①]教材的出现固然是好事，但具体的使用情况不是很令人乐观，一些重点省份的重点学校对该教材使用率较大，而且也基本按照相应的准则进行书法教学，可在其他的偏远地区以及经济不发达的省、区、市普及并不理想。再者针对教材而言，那就是学生如何选帖学习的问题，以及临习问题。选帖问题与临习问题的关键在于书法教师，当下尤其中小学书法教师缺乏，对于这一点在《教育部关于中小学开展书法教育的意见》中第三条虽有明确要求，但许多现实的问题无法解决，如教师待遇、个人意愿、教师编制、学校意愿、当下高等书法教育的导向与引领以及高校学生自身的水平等，这些"牵一发而动全身"的连锁问题一时间也是很难解决的。书法教师的缺乏必定影响书法教学的质量，同样也影响学生学习书法的效果。

对教学中选帖问题，虽有统一教材（多以传统名家书法为主），但由于具体情况的差异，教材使用也出现了偏差，致使当下学校书法教材（字体）五花八门。但有一个明显的现象，大部分基层书法教师多以欧体作为教学教材（内容）来使用，其中也有少部分使用其他教材，如颜体、柳体或是自编教材等，除了按教材教授书写技能外，还进行作品鉴赏、书法常识、书法审美等知识的教育。然而对于教材多样局面的出现，一方面是主观原因——书法教师的认知，因为当下尤其是小学书法教师多是一些年轻教师，由于自身水平认知的局限与教学经验短缺，以及对当下小学生心理发展需求不了解，导致在选帖上出现"误导"；另一方面是客观原因——地理的差异，区域的不同，同样也导致选帖的不同，偏远区域由于地理原因无法得到相应的教材（书法教师短缺及当地书法教师的认知），只能依据自身经验自编教材。但随着国家全面建成小康社会脱贫攻坚任务的大力开展，此种局面也会得到改善解决。

除以上叙述外，还有具体的书写技能、教学设置、教学设施、评价体系、学生学习书法心理、书法文化知识、学习书法的顺序、学生书法审美的引导、教学方法、书法人才的基础培养等问题，都是当下书法教育所要面临的，然而小学书法教育作为书法的基础教育，事关书法未来发展、人才储备以及书法全面普及等方面。对此，中小学书法教育尤其是小学书法教育尤为重要。

## 三、民国小学书法教育与当下小学书法教育对比

针对上述对民国小学书法教育和当下小学书法教育的论述后，再结合实际教学情况，我们会清晰地发现以下问题。

（一）二者契合点[②]

1. 教学目标与课程要求基本一致，都是要求掌握书写基本技法（基本笔画、笔顺规

---

① 向彬：《中国中小学书法教育研究》，中国社会科学出版社，2017年。
② 契合点仅是对两个时期颁布的相关政府政策要求进行的比较，具体实施情况此处不做分析。

则、间架结构等），以及书写力求正确、端正、整洁、美观。

2. 都存在阶段性等级式教学。以年级为基础，逐级教授相应的书法技能。

3. 都规定以古代名家书法为临习范本。如欧体、颜体等。

（二）二者差异点

1. 教学目的不同。民国时期面临西学冲击，一方面是竭力保存国粹之声不绝，另一方面是由于学生皆致力于外国文字，而罕作汉字，不用毛笔而用铅笔、钢笔书之，任意随手涂抹，故提倡书法教育（尤其提倡中小学书法教育）。当下，随着信息技术的迅猛发展以及电脑、手机的普及，中小学生的汉字书写能力有所削弱，为继承与弘扬书法文化，有必要在中小学加强书法教育。

2. 要求理念不同。民国强调"写字教学"，重使用性，以实用为教学理念。当下是"书法教学"，既重使用性（硬笔为主）也重艺术性，并培养学生的基本鉴赏能力，提高审美情趣以及书法、文化修养。

3. 课程安排不同。民国时期对课程安排有明确要求，例如时间为30分钟，且有独立具体的书法课程安排。当下独立具体的课程安排与时间要求未做规定（官方未做规定但视地方实际情况而定）。

4. 教学内容不同。民国书法教育无作品鉴赏、书法常识、书法审美等。

对此，笔者不禁要问：新时代下的小学书法教育无论是客观条件还是主观条件较之民国都是优越的，但在面对实际小学书法教育的开展，具体的规定与现实的反映，小学书法教育又有什么值得我们反思的呢？

## 四、当下小学书法教育的反思

首先是在小学书法教育方法上忽略了什么？针对教学方法，教育部颁布的文件中已有相关规定与要求（三至六年级有具体教学内容），但忽略了一、二年级。对于一、二年级的学生来说，无论是心智、心理还是手上的肌肉感知都比较不成熟。对于一年级而言，此时虽不能教授毛笔，但可使用铅笔，以便操纵，教授基本笔画、偏旁部首与基本笔顺，以及使用习字格把握字的笔画与间架结构，利用例如书空、口唱的方法，先令其把字的笔画，用手指在空中指画，随教师口中所喊的名称，如撇、捺、钩、点等，令手指空写纯熟，练习一段时间后，改教简单文字，更视儿童能力，增加学写整字或数个字。至二年级时，除铅笔仍需练习外，可开始注意毛笔字的引导，例如基本笔画的书写（不教授具体的书写方法及运笔动作，可用铅笔代替毛笔书写），可以将基本笔画书写变成儿歌。因为此时段的学生思维是以形象思维为主导，且基本上不考虑所学的内容，学生对一些朗读文字等感兴趣，为此利用具体的图像（教师用毛笔将笔画写在黑板上展示，旁边附有儿歌）与口唱法将基本笔画的写法教授下去。例如：横，这是一个滑冰场，他滑过去，你滑过去，我滑过去。撇，汤碗里的脏东西，撇去，快撇去，快快撇去。使学生记住其写法，形象具体且易于记忆，不仅对铅笔书写有益，对日后学习毛笔书写同样有益。

其次是小学生升级或毕业书法书写的最低标准是什么？对于教学内容与目标都有相关规定，却忽略了小学毕业最低的标准。民国小学书法教育就毕业的标准有这样规定："（1923年课标）初级，能速写楷书和行楷，方三四分的，每小时二百五十字；方寸许的，每小时七十字。高级，能写通行的行书字体。（1929年课标）能写正书和行书，依照书法测验快慢能达到T分数48，优劣能达到T分数的45。"[①]这样的要求对于学生日后实际书写应用有一定的益处。而当下小学书法教育对此项未做要求，这不仅对日后初、高中毛笔书法学习产生一定的"阻碍"，甚至对硬笔书法来说也百害而无一利。况且当下小学语文考试对书写做出要求（试卷首题就是考查学生硬笔书写水平）。对此，笔者认为应对书写最低标准加以重视。

## 五、当下小学书法教育的构建

面对当下小学书法教育的现状以及教育开展中存在的问题，如何进行改善教育弊端与教育教学的构建，是当下相关的教育部门、教育工作者必须考虑的头等大事。

第一，必须加强小学低年级书法教学的引导。书法作为中国传统文化核心，传承书法文化，是当下青少年不可推卸的责任。作为书法未来发展的基础，小学书法教育尤为重要，要在儿童早期种下传承书法文化的种子。以培养学生的书写能力、审美能力、文化品质，以及为传承中华民族优秀文化为目的的小学书法教育，如果不在早期引导学生传承书法的意识与知识，学生很难对书法产生兴趣，以致影响书法文化传承的发展。

由于低年级（一、二年级）儿童思维是形象性思维，以及对具体所学知识不做思考且对于朗读文字、图画、故事等较有兴趣。为此，针对此时学生的状况，可以适当对学生讲解一些有关书法的小故事，在传授相关毛笔书法知识或是笔画书写时可通过儿歌、图画的形式，让学生更直观且更真实地看到、感受到、触摸到具体的事物，以此对书法产生兴趣。再者低年级学生对于老师的赞扬、奖励十分看重，对此老师在教授写字时（虽然以硬笔书法为主）要培养学生认真写字的态度——字写好，多褒扬。正确引导学生养成对写字的认真态度以及良好的写字习惯，为日后书法学习与实现书写规范字打下基础。笔者认为在今后的小学低年级教学中应适当增加一些有关毛笔书法方面的知识，为日后学生升入三年级正式学习毛笔书法奠定基础，因而注重小学低年级学生书法教育在当下开展的中小学书法教育中是不可或缺的。

第二，必须对相应级别以及毕业书法的书写标准做一定规定。在现有颁布的有关中小学书法教育的文件中，对于小学生在相应级别以及毕业时书法书写要达到怎样的标准未做规

---

① 课程教材研究所：《20世纪中国中小学课程标准·教学大纲汇编（语文卷）》，人民教育出版社，2001年，第15、21页。

定。对此笔者认为，不在相应级别与毕业时规定书写标准，对于当下所开展的中小学书法教育以及学生日后书写会产生一定的不利影响。根据此问题，笔者尝试提出一个大胆的构想：对于书写标准的制定，可根据实地调研考察，初步做出一套对于不同级别及毕业的书写标准。例如，在一、二年级，根据学生心理发展、智力发展状况，让学生能初步了解一些有关书法的基础性、常识性的知识，并作出具体的考核试卷或标准；三、四年级学生由于智力、心理进一步发展，在初步接触毛笔与毛笔书法时，通过具体的语言、直接感知（描红练习）的方法，让其逐步感受毛笔书法的魅力，并适当加强笔画、偏旁部首、汉字结构的练习，在学期结束时进行考试（让学生用描红法描写所给出的汉字），或是定期举行班级、学校书法比赛，来考查学生书写的水准；五、六年级学生各方面都得到深入发展，此阶段应进行临摹与适当的创作相结合的教学，针对学生个性发展，让其选择自己喜爱的字帖进行学习，并且教授一些难一点的书法知识与书写技法，在学期结束后可以从临摹、创作两部分进行考核，或鼓励学生参加一些书法比赛等，以考查学生在笔法、字法、章法方面掌握的情况。而对于毕业的书写标准可参考民国时期的要求，无论是硬笔书法还是毛笔书法，在具体的年级及毕业时做出相应具体的考核标准，这对学生学习书法以及中小学书法教育的开展有百利而无一害。

以上对小学书法教育教学上的两点构想仅是笔者的一些刍荛之见，笔者呼吁，针对此现象应尽快制定出一套具体合理的方案，以期中小学书法教育取得更高、更好的发展。

**本文作者**

王阁祥：立心书院教师，中国书法家协会会员，陕西省书法家协会会员

# 高等书法教育中美学研究的困境与建设构想
## ——记在书法学升为一级学科后

史思宇

## 一、前言

书法在古代有着很强的实用性和一定的审美功能。如今书法的实用性日渐削弱，其审美性反而被大大提升。新时代的发展越来越多样化，随着人们生活水平的提高，人们的整体知识文化水平和审美日益提高。书法美学作为书法艺术中的一个重要的载体，提升着我们对中国传统文化艺术的认知，并为书法不断增添着生命活力，是书法理论发展中必不可少的调和剂。书法学科在自身学科体系建设的同时，应该关注到书法美学的未来发展潜力，这也是广泛传播书法文化，坚定文化自信，提升大国影响力的有利契机。在这一背景下，书法美学如何走健康的可持续发展道路，书法美学如何在高等书法教育中准确定位、发挥书法美学的自身优势、为书法的发展提供广阔的前景等，是我们有待解决的问题。

2021年12月10日，国务院学位委员会、教育部印发发布《研究生教育学科专业目录（2022年）》《研究生教育学科专业目录管理法》，将书法学科与美术学科并列作为一级学科。[①]标志着书法学科越来越独立，同时引起了社会各界对书法学科升级为一级学科的研究热潮，通过这股研究热潮，一级学科之下如何进行二级乃至三级、四级学科划分成为重要的话题。书法美学作为书法学重要的载体之一，已经引起不少学者的关注和研究，已有学者从不同的角度对书法美学的学科架构和学科进行研究。如王毅霖先生的《当代书法美学的反思与重构》以书法美学研究的现状、趋势为着眼点，建立书法美学的分析系统，以日本和中国台湾地区书法的现代性发展现状为参考，对书法美学现代性进

---

① 国务院学位委员会、教育部：《研究生教育学科专业目录（2022年）》《研究生教育学科专业目录管理法》，2022年9月13日发布。

程的未来进行探索。朱以撒先生的《书法美学和书法批评的现状与展望》中提道："美学研究的目的是使更多的人热爱、陶醉于书法之美。美学研究最终还是要以文本的形式出现，因此，当代美学研究成果如何让更多的人接受、更好地起到推动书法艺术向前发展的作用，也是研究者必须思考的。"①主要从美学研究者角度提出对策，首先希望提高书法艺术的生态环境进而有益于书法美学的发展，其次是提高对书法美学研究者境界的向往，最后是提高书法美学研究者的学术素养。笔者从书法一级学科的确立为出发点，以高校书法美学学科的现状为切口，以此对书法美学学科建设有所启示或引发进一步的学术关注。

## 二、对高等书法教育中美学的重新审视

### （一）学科的边缘化

书法美学作为总体美学的一个分支，不仅仅解释美，也更重于探讨书法中的美如何被发现、被创造。书法美学是研究书法这一媒介中的审美主体和审美对象的关系，以及书法美的规律和书法构成。书法美学研究的基本领域也就是书法美的存在认识和创造。很多高校书法教育专业没有开设书法美学这门课程，只是作为某门学科里的一个分支存在于教育学科里，当下书法专业更多地关注书法实践和书法史，关于书法美学、书法理论、书法批评等重要课程并没有真正落到实处，浅尝辄止，这表明了它目前尚处于一个弱势学科的状态。陈振濂提道："从定义出发的美学理论对书法实践的指导价值，至少在目前还看不到有较光明的前景。而以写字与书法混同，以传统的实用观念去对待书法艺术的陈旧立场，又使书法无法真切地把握自己的本质。毋庸置疑，没有真正的书法美学理论的崛起，这种现象永远得不到改变，而它将会严重阻碍书法在现时代从创作与理论两个方面的进步，使书法出现真正的危机。"②当然，书法美学并不能直接地影响书法学科的发展，但是这是认识书法本体的方法论，它可以帮助我们从更深层次认识和反思书法创作。根据美学原理对传统书法的艺术的应用，书法美学的存在是不可或缺的。书法美学提升了我们对中国传统文化艺术的认知，以鉴赏和审美情绪为主，发挥书法美学自身的优势。当代中国书法美学的发展在经历了一段热潮之后，书法审美艺术的热情开始降温，这也就导致了书法美学的理论难以突破。

### （二）师资的不足

"大学教师最无可替代之处在于其能将最前沿、最有价值的知识有效地教给学生。"③按照一级学科进行人才培养是育人的基本走向，高层次的人才必须具备扎实的基础知识、较强的专业创新能力和职业适应能力，这都需要具有书法美学专业师资的带领。目前高校书法教育中，专职的书法美学教师力量单薄。根据知网显示，在书法理论方面关于书法美学的论文还

① 朱以撒：《书法美学和书法批评的现状与展望》，载《中国书法》2015年第7期。
② 陈振濂：《书法美学》，山东人民出版社，2006年，第7页。
③ 赵明：《当代高等书法教育的学科际遇与国际视域》，载《大学书法》2021年第1期，第63-67页。

是比较少的，这说明对书法美学进行研究的学生比较少。书法美学在师资力量这一块的匮乏也导致书法美学的论文数量的不足，显示了该领域的研究不够深入，缺乏师资力量也是当代书法理论中书法美学发展缓慢的客观原因。需要立足于书法学科建设的需要，制定灵活多样的人才政策。

### （三）理论研究难度高

国家在改革开放后的20世纪80年代初，有着一段激烈的"美学热"，关于书法美学的学术思想积极活跃。陈振濂在《书法美学》第一章提到书法美学研究的意义："当然，困难是不可言喻的。在进行一项如此宏伟的工程之前，我们所面临的现状却又是不甚理想的。作为学科的书法美学的历史只有短短几年，使在此中的任何一种进取都缺乏现成的经验可供参照，但这只是一个问题的一个方面。书法研究专业队伍人才匮乏，一般书家不重视理论建设，从事理论工作的研究者在创作实践上又缺乏第一手感性知识，乃至目前进行书法美学研究的大部分都是由来自美学界而不是书法界的人员构成，这使得书法美学与书法创作实践出现了一些界沟。"①这种教育学术问题上的研究，书法美学是一门理论性很强的学科，由于书法美学要求研究者不仅要很好地掌握书法基本理论知识和中国的传统美学，还要在书法实践上有着第一手感性的资料，同时也能够结合好西方美学，这对于研究者来说是一个难上加难的选择，再加上对书法美学的理论研究知识不够深入，书法研究传统中的方法论比较单一，令很多师生望而生畏。

### （四）问题意识和发展意识的欠缺

当代高等书法教育中没有对书法美学发展问题进行深入的探索，对书法美学研究的问题意识和发展意识存在欠缺，没有真正触及书法传统美学发展的问题，使当代的书法传统美学的价值形式论成为现代西方书法美学形式论的一个翻版。当代书法美学受西方美学形式理论的影响，直接从书法美学的一般形式理论出发，强调书法的视觉形式和秩序原则、书法的线条和对象运动形式、移情心理和视觉格式，充分体现了传统书法美学的现代性和形式特征。从陈振濂的《书法美学》中的"当代书法评论"可以看出，他对书法现代化创新充满了焦虑。"但目前的书法界，最缺乏的正是这个'思辨'。因为书家大抵太关心技巧、缺少思想，所以书法作品都只能抄录唐诗宋词。因为书家不关心书法的发展，所以即使想要创新，也找不到真正的方向。"②这也体现了当代书法中很多书家在书法方面的问题和发展意识存在欠缺，如果没有对书法现状以及未来的思考，没有足够的"思辨"能力和独立思考能力，只能跟随别人的脚步困在别人的思维定式里，那么书法艺术发展不会有突破的一天。

---

① 陈振濂：《书法美学》，山东人民出版社，2006年，第7页。
② 陈振濂：《书法美学》，山东人民出版社，2006年，第5页。

## 三、高等书法教育中美学的建设构想

### （一）对传统美学的再认识

新时代的美学理论研究者缺少书法艺术传统美学的理论，是书法理论的当代艺术美学的基本状态。书法美学在20世纪80年代进入热潮期，因为强调主题的当代书法美学，在理论上受到西方美学狂潮影响，将重点放在对西方美学的学习和移植上，而忽视了书法的本体性美学，对书法本体性美学的探索研究少之又少，从而也就使得我们不能够真正地理解和掌握中国传统书法美学精髓。中国书法传统美学是有别于西方的以人文知识系统为主，与宇宙观、生命观和道德伦理有着密切关联的美学。在中国本体性美学中有以阴阳观来概括书法风格的，如《书势·顿折》云："阴生于阳，阳生于阴，此天地之化，消息之道也，文字得之而为顿折焉……尝试论之，侧、努、掠、啄，点画之属乎阴者也，而必始于阳，阳顿而阴折也，勒、趯、策、磔，点画之属乎阳者也，而必始于阴。"[①]要加强书法美学学科的确立，必须深入了解中国传统美学。中国传统美学博大精深，《士人传统与书法美学》一书中提道："中国古代思想经历先秦的百家争鸣和汉唐的佛教洗礼，形成儒、道、释三教鼎足熔冶的局面。在宇宙论、生命观上以阴阳五行观、气论、天人合一观、色空观为核心……不善逻辑思辨，更重感性体悟，这些都影响了书法批评的审美判断和表达方式。"[②]在中国传统美学研究领域的资深学者如宗白华、徐复观、李泽厚等，都极力强调当地的艺术审美功能和易于跟踪的心理根源。随着书法的蓬勃发展，高等书法教育中却没有能够从宏观传统美学范畴对书法美学加以推动与深入研究，以致使得我国当代书法美学学科体系没有达到准确与完善，而在书法美学理论研究的主要内容上，也没明晰出西方现代美学与中国传统美学的区别。

### （二）对西方现代美学的再认识

就当代发展中国书法文化传统美学这个社会学科而言，有效地借鉴西方国家现代教育传统美学的学科建构框架是当代书法美学不可回避的一种美学选择。而由于现代西方美学一直在建设现代西方哲学，因而在当代中国书法美学的发展上也要更加关注现代西方哲学。从当代书法美学的历史发展来看，缺乏学科跟踪和对西方现代美学的广泛深入研究。在20世纪以前，西方美学的主干大部分是从哲学角度对美和艺术的探讨，在美学史上赫赫有名的艺术家一般都是哲学家。美学上的一些重要理论几乎都是从西方哲学角度提出的，李泽厚在《美学三书》中提道："尽管现代西方美学对这种从哲学出发的美学观或美学思想，经常给予嘲弄和讥评，但始终拿不出能够匹敌这些哲学巨匠们的东西来。也许，现代生活的花花世界使人对抽象思辨失去了兴趣；也许，精确的现代科技工艺使人对笼而统之的哲学理论感到厌倦和不可信任。但没有哲学又如何在总体上去把握及了解世界和自己，去寻索和表达对人生的探

---

① 崔尔平：《明清书论集》，上海辞书出版社，2011年，第930页。
② 周睿：《士人传统与书法美学》，广西美术出版社，2017年，第15页。

求和态度呢？"①可以看出在西方美学中从哲学方面出发的思想占据着一席之地，并且为西方美学打下了坚实的理论基础。崔树强先生说："做书法美学研究，不仅要重视文献，更应该重视从哲学观念和思想史的角度来展开对书法艺术的解读。因为古代很多伟大艺术家的作品，并不仅仅是一种风格的呈现或形式的创新，更是一种思想史的意义和哲学观念的支持。而这一点，正是目前中国书法研究所需要的。"②可见，哲学在书法美学学科中的发展是必不可少的。"书法美学的生长基础是中国哲学。"③从西方美学的研究范式中去借鉴并反思，而不是一味地剪切，看似装潢华丽，实则沉默了书法美学的本体性。书法美学要想得到新滋养，要深入中国哲学。

### （三）对学科设计的重置

"一流的学科要有高质量的本科教育和高水平的研究生教育做基础，着眼点应是学科自身，这就需要书法学科不断加强本科层次的基础教育与研究生层次的创新研究性人才培养。"④学科设置是高等教育学校的立学之本，也是学位授予单位人才培养的参考依据，关系着人才培养目标和规划，教育资源的配置和学术的繁荣与发展。随着现代学科建设的深入和细化，二级学科的设置既要反映一级学科的本质内涵，有利于一级学科的建设和发展，又要有利于社会需求。诚如祝帅先生所言："书法学科专业的人才还有一个核心竞争力，就是掌握书法美育的理论、实践能力与方法，能够提出并落实各个社会层面书法美育的实施纲要。"⑤书法美学的任务正是在于此，书法一级学科的建设应具备广阔的视野，立足于书法学科建设需要以推进全国普通高校书法审美教育为己任，不断培养胜任普通高校书法审美教师的专业人才，打造高水平书法学科人才队伍，在新环境下和未来的建设与发展中，打破已经形成的学科壁垒，加强书法美学学科的设立。学科的设置不仅依赖于教育制度的改革，也需要课程体系的保证，高校应该做好课程目标和课程体系，为书法美学的学科设置打下坚实的理论基础。

### （四）对平台的搭建与沟通

近些年来，高校联合开办的论坛越来越多，在书法理论研究、书法文献整理、书家个案研究、书法批评理论等方面都有深入的研究并取得成果，而在书法美学研究方面比较薄弱。理论的探讨和学术研究都需要平台，关于书法美学的研究平台和渠道相对比较贫乏，书法美学影响力的有限性制约着书法美学的学术视野。关于书法专业的期刊有《中国书法》《书法》《青少年书法》《书法研究》等，而书法美学的文章却是比较少见的。还有一些关于书法的报纸如《中国书法报》《书法报》《书法导报》等，专业书法美学的报纸数量极少，影

---

① 李泽厚：《美学三书》，商务印书馆，2016年，第420页。
② 崔树强：《神采为上——书法审美鉴赏》，江西美术出版社，2017年，第206页。
③ 周睿：《士人传统与书法美学》，广西美术出版社，2017年，第22页。
④ 赵明：《当代高等书法教育的学科际遇与国际视域》，《大学书法》2021年第1期，第63-67页。
⑤ 祝帅：《书法学学科升级与人才培养》，《艺术市场》2022年第2期，第37-39页。

响力也比较小，本来就很难引起书法美学界专家和高校老师、学生的重视，再加上关于书法美学的文章少之又少，这是阻碍书法美学学科发展的客观原因。关于书法的相关报纸、杂志和书法学术界可以多多开设关于书法美学的专栏，引起社会各界人士的重视。同时，也需要有资源优势的高校牵头组织美学专场的学术论坛和定期专题研讨。

　　从国家层面来说，相关教育部门可以制定一些政策，提升对高等书法教育的经费投入，在相关书法报纸、杂志和课题研究等方面给予扶持，以推动书法美学的发展。祝帅先生说："尽管此前以美术院校为代表的书法专业教育往往把重心放在书法行业主体——'书法家'的培育上，但今天看来，培育懂书法的大众，塑造起学书法、懂书法、用书法的氛围，很可能要比培养几个专业的书法家其意义更为深远。在这个意义上，书法美育甚至比专业教育更重要。"①书法美学的任务也在于此，它需要更多的平台向大众传播书法审美理念和培养书法审美能力，丰富书法方面的审美经验。

## 四、结语

　　如何通过高校书法学科建设，重新建构可持续的发展，既重视中国传统书法文化的中国元素，又在全球化大发展的背景中展现审美的共通性，这是书法学升级为一级学科之后在学科上的再建设问题。关注书法美学在高等教育中存在的定位，在足够重视书法传统美学的基础上学习西方的研究范式，通过书法美学平台的搭建与沟通，借助书法学学科升级的契机，以高校教育为抓手，把书法学科的这一针"催化剂"——书法美学打扎实，为书法学科的升级打下坚实的理论基础，有助于推动书法学科的发展，提升中国文化软实力，坚定文化自信，提升中国文化的国际地位。

**本文作者**

史思宇：郑州大学书法学院在读硕士研究生

① 祝帅：《书法学学科升级与人才培养》，《艺术市场》2022年第2期，第37—39页。

# 基于美育优先的规范汉字教学刍议

林也琦

规范汉字是中小学书法教学的重要组成部分，且由于其书写工具的便捷与实用程度较广，成为当前书法教育较为常见的形态。规范汉字重规范，教学目标为写出一手流畅、美观、标准的字。但重规范却忽视了审美的教学观念，这在侧面体现出当前书法教育的焦点仍在"立法度"，而对审美方面较为忽视。在培养全面发展的人的视野下，书法教育应该发挥其美育功能，将教学焦点从技法转向培养学生的审美。即便是对技法有明确要求的规范汉字教学，也应该从美育的角度出发，以培养学生对汉字美的认识与美的感觉为出发点。帮助学生形成自己对汉字结构美的认知，通过书写训练培养学生的表现力，从而达到规范书写的技能目标。

## 一、规范汉字教育与美育

### （一）当前环境与规范汉字教学

在实用层面，规范汉字书写能有效地保障书面交流，提高沟通的效率。书写工具的改变使毛笔写字离开我们的视野，以硬笔取而代之。随着教育的大规模普及，硬笔书写成为必备技能，广泛应用于考试、书面申请、签字、书信等实用场合。

在功利层面，规范汉字书写对学生学习、升学等方面起到重要作用。优秀的书写可以让学生更快地完成更优质的笔记，辅助其他课程的学习。2019年北京市中考《考试说明》也将书法纳入语文学科考查，整洁美观的字迹也成为影响卷面成绩的因素。

### （二）规范汉字教学的意义

#### 1. 传统文化的传承

面对计算机时代书写能力逐渐丧失的处境，规范汉字教学是重要的应对方式。21世纪人类社会迈入信息时代，信息技术的发展使信息量递增、知识爆炸，要求学习速度加快。慢速的纸质书写被电子书写所代替，日常书写渐渐被无纸化办公所取代，拼音取代笔画，电子产品的普及使网络阅读逐渐代替纸质阅读，这些都使汉字与我们的关系逐渐疏远。一方面，人们的书写能力在退化，常出现提笔忘字的现象。另一方面，人们对母语的了解越来越少，很难树立起民族的文化自信。如今国家提出规范汉字的重要性，并出台两部标准文件，为书法的普及营造了积极环境。规范书写的要求与教学普及，能在很大程度上提高人们对汉字的重视以及规范的意识，传统文化也能因此融入现代生活中。

### 2. 书写技能与审美培育

而对个体而言，规范书写对孩子实际的学习生活与品格塑造都大有裨益。其一，规范书写是一种类似习惯的教育，能在相当程度上训练到孩子的肌肉与习惯养成能力。中国书法家协会主席孙晓云在采访中曾指出："书法对手指的肌肉要求很高，练习书法最好的年龄是15岁之前，过了15岁，孩子手上的肌肉就基本定型了，以后再练就很难提高了。"其二，规范汉字教育通过日常书写的方式，潜移默化地塑造人们对汉字造型的审美。日常书写使书法在不实用环境下的大量练习成为可能，对汉字美的感知十分有利。

### 3. 规范行为与人格陶养

规范书写还有规范行为和陶冶情操等作用。郭沫若先生曾为《人民教育》题词："我们从低段开始加强写字指导，不一定要人人都成为书法家，总要把字写得合乎规格，比较端正、干净，容易认，这样养成的习惯有好处，能够使人细心，容易集中意志，善于体贴人。若草草了事，粗枝大叶，独行专断，是容易误事的。"这样看来，规范汉字教育不仅是训练技能，而且在育人方面更有重要意义。

### 4. 书法意识的社会性普及

书法作为我国优秀传统文化有重要的传承意义，同时作为一门艺术，是中国美育的重要媒介。近年来，国家对中小学书法教育愈发重视，在2013年教育部印发了《中小学书法教育纲要》，而在此之前虽然书法课为非必修课程，但语文课上也有写字的要求。由于日常书写的普遍存在，汉字书写规范所体现的美感便得以在日常生活中潜移默化地加深人们对书法的认识。同时由于规范汉字教育作为义务教育的一部分，属于面向大众的教育，有普及性，对书法意识的社会性普及有重要意义。陈振濂教授在其文章中提到书写汉字的"技能之美"，文化的传播依赖于汉字的传播，因此学写字就成了学文化的基本功。汉字"天然的美"也就因书写这种技能得以延绵传承。[①]

### （三）基于美育理念的重要性

核心素养的提出，对规范汉字教学提出了育人的新要求。进入全球化与信息化的时代，教育面临着如何培养能适应未来社会、推动社会发展的人的问题，教育开始转向呼唤道德回

---

① 李琳、马菁汝：《古代中西美术教育中的"审美教育"与"技艺教育"——对美术教育中的"美育"解读》，《美术研究》2021年第1期，第16-17页。

归、人文素养与创新能力。培养完全的人是当前时代的教育目标，而美育陶养人的感性部分，是除德育和智育之外必不可少的一部分。美术教育作为美育的主要方式，审美教育与技艺教育是其重要途径，缺失任何一方，美育都难以发挥其应有的作用。在过去甚至当前的教育界，存在急功近利的倾向，教育追求实用性与效果，忽视教育对孩子未来的可持续培养，美育也因为没有显著实用功能而被轻视。美育能激发孩子的各方面潜能，潜移默化地塑造孩子的能力与人格。美育的迁移性与情感性，能辅助智育与德育，培养个体成为一个对社会有用的人；美育培养孩子认识和发现自己的能力，成为一个能表现自己的人。一个健全的人不能仅会面对他人，也要学会面对自己。

我们常说"字如其人"，可见书写工整的要求绝不仅是升学等纸面上所呈现的实用意义，更为重要的是其承载着对人格塑造的意义。仅满足技法的呈现已经不足以应对当前的育人要求，属于书法教育的规范汉字教学也因以美育视角为优先，重新树立教学目标。

## 二、审美优先的规范汉字教育

### （一）规范汉字与书法美育

1. 规范汉字的美

汉字蕴涵着人文美与规范美。汉字的人文性，体现在其承载着我国优秀的传统文化。汉字是世界上较古老的文字之一，有六千多年的历史，从象形慢慢抽象为笔画，从表形向表意再向形声的转变，无形中也暗合了人类认知发展的规律。汉字不仅作为中华民族语言的记录符号，更是一种艺术载体。同时，汉字的演变也是一部中国文化潮流的变迁史，对汉字的学习是传承传统文化的重要途径。无论是从汉字早期的不成熟形态、雕版印刷、刻于碑石的石刻文字乃至明清时馆阁体等千篇一律的端正字体，都具备汉字的"天然之美"[①]，这是因为汉字本身已是一种美感充沛的存在——汉字的"形"与造字中流露出自然的规律，构成了汉字先天的美感。

汉字的规范性，体现出形式的美感。汉字中有许多对称结构的字形，反映了中国思想对和谐的追求；象形性与抽象性的交融，既赋予了了画面又提供了无限想象空间；汉字结构中，"计白当黑""结构均衡"蕴含着辩证的哲学思想。这种规范的美使其成为培养美感的优秀载体，对建立美的感知能力有积极作用。

2. 规范汉字与书法美育

规范汉字作为书法教育的一部分，以审美优先的教学思路是行得通的。规范汉字教育以汉字为教学载体，规范汉字更注重书写的规范性，而以美育优先的书法教育更注重审美培养，二者并不矛盾。书法作为艺术更为强调艺术性的抒发，但其中也有博大且成为经典的审

---

① 陈振濂：《书法"美育"的学科界说》，《中国书法》2020年第3期，第148-155页。

美法则，而这正是规范汉字书写法则的源头。

**（二）基于美育优先的规范汉字教育内涵**

1. 理解汉字美，训练审美感官

将理解汉字美作为规范汉字教学的目标，在教学过程中聚焦于汉字审美性的教授。因实用性有助于更好地理解与运用，非但不会因规范性束缚个性的表达，反而能更好地理解书法中一些抽象的审美法则。这便使规范汉字教学不再局限于简单机械地训练技法，而是训练了感官，培养了孩子的审美能力，成为美育的手段。规范汉字教育也得以从单纯的实用性功能，进入培育更深层次的核心素养。

同时，对美的理解不仅能运用于书写这一小领域，还能向其他领域迁移——没有不需要美的领域，因此教育也达到了核心素养中对迁移能力培养的要求。

2. 站在书法美育的高度

规范汉字教学不应局限于硬笔书写，而要站在书法美育的更广格局。规范汉字教育以汉语言文字为主体，为书法教育打下文字小学的基础；书写训练锻炼学生对汉字结构美的感觉，此为感受书法美的敲门砖；对书写速度的要求，为理解书法的"书写感"打下了基础。除此之外，基于审美的规范汉字教学能打破硬笔书法书写的局限，学生对汉字美与造型美的掌握可以迁移至欣赏更多的书法碑帖与毛笔书法的学习中去，以向更丰富的艺术宝库汲取养分。

## 三、当前规范汉字教育面临的问题

**（一）教学目标的实用主义与功利化**

教学定位的模糊，教学目标的不明确导致教师、家长以及学生都将焦点放在书写效果上，而忽视了规范书写所承载的美育功能。在教育"内卷"的当下，考试对书写规范性的要求是引发重视的主要动因。[1]因为升学或其他种种原因，家长最为在意的是最终书写效果的呈现，效果也因此成为大部分教师教学的焦点。甚至部分中小学依然把书法课变为写字课，窄化了书法课的定位。[2]长此以往，规范汉字沦为单纯的技法教学，无法践行美育的教育理念，不能符合当前基于核心素养的教育目标。目标的窄化极大地限制了教育的深度，使其丧失了传承文化、培养美感的功能；更为严重的是，这种目标也是教师本位的一种呈现，学生不能成为学习的主人，在学习过程中逐渐丧失兴趣，最终可能走向对美无感的结果。

**（二）教学过程的程式化与创造性丢失**

目标的局限性也导致教学手段的局限。笔者走访了不同的机构与小学，发现大部分写

---

① 赵宏：《试论中小学书法教育的"发展瓶颈"》，《中国书法》2021年第9期，第180–182页。

② 雷森林：《中小学书法教育的历史演变、功能与现状初探》，《语文教学通讯》2020年第9期，第45–46页。

字课堂为了快速达到效果，通常采用定点、定位的教授方法，学生们记住笔画起收笔在参考线上的位置，通过像学数学的方式来认识美。这种教授模式的确能在短时间内呈现出一定效果，而实际上学生们并不理解，笔画放置在此处为何能让人感觉美，脱离参考线后很难再找到黄金定位点。诚然，我们的哲人起初也是从数的角度认识美，但该初始阶段已经过去几个世纪，现代艺术已经要求我们用更加开阔的视野去认识和理解美。因此笔者认为，尽管从培养审美的角度进行规范汉字的教学需要时间浸润，但其广度与深度绝非机械的记忆以及单一效果的呈现所能比。

回看我国东汉时期的"鸿都门学"以及清代的"馆阁体"现象，都是因汉字书写的规范性要求而培育了一大批书写精到的人，但也都受尽了非议——"匠气"十足，个人的艺术性抒发丧失殆尽。长时间的程式化训练泯灭了孩子创造的天性与独特的个性，单一标准与一味灌输，使教育失去了发展性功能。

### （三）规范性问题以及与艺术性的矛盾

#### 1. 规范汉字的标准与书法关系的矛盾

从规范性的问题看，规范汉字的标准模糊。规范汉字是基于《中华人民共和国国家通用语言文字法》《通用规范汉字表》两份文件对字量、字用、字序、字形、字音的明确规定，使中小学的语文与书法教育有法可依。两份文件满足了基础教育和文化普及的基本用字需要。[1]但这些规定仅针对印刷体，对手写字体书写的标准没有规定。参考《中小学书法教育指导纲要》，其中关于硬笔书法的要求并未提出明确书写规范。

从简体汉字的书写走向毛笔书法的过程中，也有一定的矛盾。比如楷书的起收笔问题、规范汉字与历代书法法帖中同一字的多种书写方式的问题、简体字与繁体字的问题，这些都是学生与教师在教学过程中常出现的问题。

#### 2. 规范汉字的标准性与艺术性表达的矛盾

从艺术性的问题看，又因囿于规范性而忽视了书写的艺术性表达。教师按照一个范本教学，学生在不知道为何学它的情况下进行盲目的记忆，不仅不能意识到范本美在何处，同时可能因此限制了更多探索美的可能。

## 四、美育优先的规范汉字教学策略

### （一）以审美培养构建对汉字美的理解

规范书写教育的定位应放置于更广的美育视域，书写教育应属书法教育的一部分，构建学生对汉字美的理解才是规范汉字的最终目标。通过教师的引导来认识汉字形式美的因素，进而理解汉字美的其他内涵；通过书写训练对不规范书写习惯的归正，培养学生的反思意

---

[1] 吴紫薇：《小学书法课汉字规范性与艺术性的问题与对策》，《书法教育》2020年第1期，第77-81页。

识；通过大量日常书写的浸润，建立起学生与汉字这一中国传统文化之间的关系，从而实现借助规范汉字为载体的文化传承与美育目标。

### （二）以审美法则代替定点、定位

由于教育目标与定位的转变，教学方法也需做出调整。定点、定位的单一与机械，限制了学生的创造力与个性的抒发，并且无法让学生理解书写之所以能工整好看的本质。解决该问题的策略即培养学生对汉字的审美，为此教师应在理解汉字美、认识汉字美规律的基础上，从学生能理解的角度引导学生对汉字笔画排列规律进行认识，使学生构建起自己对汉字美的认识。

### （三）聚焦美育发展书写的艺术性

#### 1. 抓住规范的核心

解决硬笔书写与书法学习之间矛盾的关键在于理解二者的共通性与基本原则。二者都是书写汉字，古代的法帖中的一个字多种写法是由于书写的时代不同，与字体演变和书写习惯都有关系，而字体的起收笔问题也基于字体产生的时代背景来看待。从汉字的通用性与流畅书写的角度来理解书法，与当下书写的矛盾便迎刃而解——为了模仿毛笔楷书起收笔，用硬笔刻意做出顿笔的折角，这明显不符合流畅书写的要求；而对于古代法帖中汉字的多种写法，则要求教师在教学过程中重视对文字的讲授，帮助学生了解字源本义，认识简体、繁体，获得更多汉字与文化知识。教师因此需要提高文学、文字学、历史等相关领域的知识水平。

#### 2. 发展书写的艺术性

规范是美感的一部分，对美有理解才能真正掌握规范书写的精髓。聚焦于美育的书写教育，应是通过建立起对汉字的审美，潜移默化地写出一手带有学生自我个性的具有美感的规范字。因此，我国优秀的书法文化便是一座巨大的宝库，历史流传下来的无数名家法帖便提供了美育的无限资源，借助书法引导学生感受汉字美，进而形成自己的审美，再通过大量实践找到适合自己的书写方式，这样便能汲取优秀传统文化的智慧，又不囿于他人局限，发挥日常书写的艺术价值。

**本文作者**

林也琦：广州美术学院在读研究生

# 记忆的两个维度

## ——书法临摹教学的理论探索与创新实践

曹杰钊　袁　珊

## 一、"书法临摹"内涵解读及其意义

从古至今，保持对经典法帖的顶礼膜拜，以不懈努力靠近经典法帖的临摹，成了书法学习的起点。它是对传统经典书法作品的解读和临习，也是进入书法殿堂的必由之路。诚如明代董其昌云："学书不从临古入，必堕恶道。"（《容台别集》）

通过临摹，捕捉古人书法的外在形象与内在气质，可以改变、提升学习者的审美层次和书写惯性，在对历代书法经典的不断传承与扬弃的"内蕴外化"过程中，形成新的视知觉感悟，从而达到新的艺术平衡。

临摹其实就是与古人对话，让我们有幸站在"巨人的肩膀"上不断勇攀高峰。纵观中国书法史，但凡有成就的书家无一不是在临摹的基础上承传与创新。清代吴昌硕提倡"与古为徒"，热衷于学习原汁原味的经典，并主张从起点生发，探本溯源。他晚年自述：

> 余学篆好临《石鼓》，数十年从事于此，一日有一日之境界。[①]

吴昌硕赋予了临摹以新的内涵，对《石鼓文》创造性的解读，开创了个人书法风格的新面貌。明末清初的书法大家王铎，终身秉承"一日临帖，一日应请索"的方法，为人津津乐道，这也是他在功力已臻炉火纯青之后，对临摹与创作关系的"内蕴外化"。"临"即汲取养分，"请索"即表现、创作，如此循环往复，使得书法学习始终有源头活水，其艺术生命当然生生不息。

古往今来，多数书家即便到了晚年仍旧笔耕不辍，祈望在临摹中找到突破口。临摹不仅是初学者入门的一种手段，同时也是伴随书写者终生的乐事。只

---

① 吴昌硕：《吴昌硕临石鼓文》，西泠印社，2004年，第2页。

有不断地在临摹中与古人"深入交流"、砥砺交融，深化对传统经典的理解和体悟，才能突破临摹的藩篱，在临摹与创作之间自如切换，畅通无碍。

北宋黄伯思在《东观余论》有言："世人多不晓临摹之别。临，谓以纸在古帖旁，观其形势而学之，若临渊之临，故谓之临。摹，谓以薄纸复古帖上，随其细大而拓之。若摹画之摹，故谓之摹。临之与摹二者迥殊，不可乱也。"①

"临摹"一词，实则包含两层意思。临，是把所选择的字帖范本放在一侧，看着字的笔画、结构和章法，仿照书写；摹，是把薄纸（现在一般用硫酸纸或称拷贝纸）放置在字帖范本上照着其影子描摹书写。

宋代书论家姜夔在《续书谱·临摹》中说："临书易失古人位置，而多得古人笔意；摹书易得古人位置，而多失古人笔意。临书易进，摹书易忘，经意与不经意也。"②

临写时，书写者调动自身视知觉，通过对字帖范本的如影随形，理解体会笔法、点画、结构、体势等因素的运用，体悟范本的大意。但因无所依托，往往容易在对范字的传移摹写中，出现字体结构不到位等现象；摹写时，因能以范本作为基底，比较容易掌握其点画位置和形态结构，但往往会过于机械，而令书写者忽视笔法的运用、笔意的表达，并且在"摹"过之后容易忘却，不易巩固。因此，临与摹各有利弊，临得其意，摹得其形，临摹结合便成了常规的学习方式。

除了常见的对临（对照着临写）、背临（默识心记地临写），还有意临。所谓意临，是指在临写的过程中，不再将点画及形体法度放在第一位，而是把古帖的神韵放在首位，临摹只是"自运的契机"。由明代董其昌肇始，临摹的观念发生了重要的变革，仿真性临摹逐渐式微，意临占据书坛主流。董其昌在《临杨少师书后》云：

> 余以意仿杨少师书，书山阳此轮，虽不尽似，略得其破方为圆削繁为简之意。③

意临的前提条件是具备对原帖深刻的理解，一般需要深厚的书学积淀。董其昌醉心于颜真卿的《争座位帖》，不挥毫时脑海里也常映现原帖画面：

> 以至日枕卧，以手画被，即平善书此，于本文不能多合，笔法差近之。④
>
> 临帖如骤遇异人，不必相其耳目手足头面，当观其举止笑语精神流露处，庄子
>
> 所谓"目击而道存"者也。⑤

---

① 黄伯思：《东观余论》，人民美术出版社，2010年，第56页。
② 朱友舟、徐利明：《姜夔·续书谱》，江苏美术出版社，2008年，第136页。
③ 王东声：《董其昌·中国绘画大师精品系列》，江西美术出版社，2012年，第104页。
④ 王东声：《董其昌·中国绘画大师精品系列》，江西美术出版社，2012年，第102页。
⑤ 王东声：《董其昌·中国绘画大师精品系列》，江西美术出版社，2012年，第147页。

　　从某种角度而言，意临立足于陌生化的美感，是一种有助于发挥书写者的想象力，并试图解决从传统法帖汲取营养却又超越传统"形似"的临摹方法。不过，意临如果把握不好的话，即会落入重复自己旧有书写认知与惯性的井底，永远触及不到传统法帖的精髓。尤其对没有太多书写经验和书学修养支撑的初学者，漫无目的、信马由缰地意临，会使得临摹变得更加迷雾重重。

## 二、当前书法临摹常用的教学方法

　　当前，书法教育依旧沿用传统的教学方式，以教师现场技法临摹示范，学生课堂观摩、临习为主，没有关注毛笔与硬笔（钢笔）之间书写的内在关联，教学方法单一，缺乏创新意识。各学段授课教师采取的书法临摹教学方式，仍以单笔画、单部首、单字重复训练为主，

图54　《千字文》习字残卷

而学生则通过不断地，且不成系统反复地机械式描摹或临写，以期达到熟能生巧的效果。（图54）传统的临摹方法缺乏理性思维分析，实践与理论脱节，长此以往，会让学书者索然无味，甚至产生厌倦之感，且易遗忘，收效甚微。

　　一些学生运用摹帖与临写相结合的方式学习书法，由于摹帖的难度系数较低，加上类似于机械劳动的方式，容易使不善于思考、盲目训练的学生，在枯燥乏味中丧失对范本的艺术敏感度。即便不停地重复或通篇摹写，仍旧难以理解其笔法结构，就更遑论把握范本的整体气息了。

　　另外，还有一种颇为稳妥的临摹方法，即通过摹、临、背的三个阶段记忆训练，使学习者对范本中各个字的形象和运笔动作形成较为稳定的心理表征。该临摹方法的三个阶段是不断巩固和深化的记忆过程，它们对记忆力的倚靠各有侧重，并且不可偏颇、环环相扣、渐次深入。学习者通过感知、亲历这三个阶段，使得范本在头脑中不断重现，经过不间断地交叉、融合、复合，内化为所模仿的信息符号，从而达到比单一摹写、单钩或双钩更丰富、更深刻的水平。该种心理表征也不再是范本形象的简单再现，而是能激发学习者构建起记忆表象与运笔过程之间的联系，再用头脑中的记忆表象指挥手的动作，并不断地觉察动作过程与原有记忆表象的差别，进而改善手部动作和表象特点的一种记录方式。这种临摹方式不是简单的摹、临、背，而是一种主动积极的思维活动过程。然而，该临摹方式对学习者本人的素

质要求较高：一是对其记忆力的要求，二是对其艺术敏锐感的要求，三是对其造型与表现能力的要求。再者，该临摹虽可经过逐字推敲、循序渐进地完成某个范本，但在整个临摹过程中，学习者必须有极强的个人意愿和主观能动性，主动自觉地进行思考，才能加深对笔法结构的印象。如果稍一松懈，就会变成囫囵吞枣，某些字难以仿真，更是难以找到范本或该书法家的风格规律。因为它仍旧是以单笔画或单字为造型基本元素，缺乏更细化或操作性更强的归纳整理。

## 三、"部首解构归纳"临摹方法的探索与实践

相较于其他传统常用方式而言，如何让书法临摹变得充满趣味，更为精确，又如何令学书者更加有效解构、记忆、再现原帖范字，存储同一单字或同一部首的多种结构变化差异，理解所学范本的艺术审美特征，进而更高效地熟练运用于日常书写和书法创作实践之中，是本方法展开探索的初衷。

一言以蔽之，"部首解构归纳"临摹方法是从记忆的两个维度出发，运用硬笔与毛笔两种不同的书写工具，软硬兼施，殊途同归，并行不悖地将临摹对象逐字进行拆解、延伸与拓展，从而达到谙熟临摹对象，变"他神为我神"的目的。"部首解构归纳"临摹方法将为学习者提供一种科学、高效系统的临摹样式，既能避免学习者掉入重复机械劳动的陷阱，又能使临摹不得要领、难以形成有效记忆的学习者有章可循。另外，传统的临摹是述而不作，而"部首解构归纳"临摹方法则强调"临"的重要性，无限接近的可能性。从某种意义上说，没有人可以完全与古帖重合，所有的临摹都带有书写者的主观性，包括书写者的审美判断、书写惯性、情绪情感等。笔者认为临摹的问题不在于是否带有主观性，而在于怎样去适配这种主观性。在笔者大量的教学实践研究中，也证明了这种新的临摹方式的独特性与科学性。

师古临摹自形迹入手，"拟之者贵似"的基础是"察之者尚精"（原句："察之者尚精，拟之者贵似"，语出唐代孙过庭《书谱》）。因此，不仅要重视手上的功夫呈现，也要认知到观察，即"读帖"的重要性。鲁道夫·阿恩海姆曾说："每一次的观看活动就是一次'视觉判断'。"这种"观察"与一般意义上的"看"是不一样的，在新的临摹方法中，从"硬""软"两种工具的两个维度出发，随之会产生不一样的"读帖"互补效果。硬笔与毛笔本质上有很多既契合又互补的特性，而我们也可以充分利用这两种方式，扬长避短，相互生发，延展记忆的深度与广度。

（一）瞬时重复记忆——"沉浸式"的硬笔部首解构

汉字的构成是由点、画按照一定笔顺形成部首、偏旁（广义也称部件），再按照结构规律组合成整字。汉字的结构图式，可以分为"笔画—部首（偏旁）—整字"，以部首为线索进行逐字分解归纳，可以完成对形迹的多角度辨识与记忆。

用硬笔逐字解构，是一个沉浸式的部首解构过程。在用硬笔对一个作品按先后顺序逐字

拆解时，字帖中每一个范字所拆解出来的部首越多，即同时重复临写这个范字的次数就越多（即一个范字所拆解的部首数量与临写次数相同），这个范字在脑海中形成的瞬时记忆就越深。如以"藏"字为例，可分解出"艹"、"广"或"厂"（为了增加学习、记忆效果，有时部首的分解可模糊变通处理），以及"臣""弋""戈"等6个部首，即同时把"藏"字精细地临写了6遍。虽然都是在临写同一个字，但每一次临写所关注的信息点会各有侧重——关注的重点会落在不同的部首上，有的放矢。这样可以形成分散与集中的记忆痕迹，避免出现传统临摹方法所带来的枯燥、单调。在拆解过程中，由于作品中每一个范字所呈现的部首数量不尽相同，这样也会形成书写的不同节奏，形成记忆的视知觉韵律，保持记忆的鲜活状态。

在对整个书法作品逐字拆解完毕之后，会呈现出意想不到的数量庞大的部首构件，而每一个部首构件也会出现一定数量的多种结构形态的范字（亦可称为"同部异构"）。无形之中，加强了对各个部首构件的发散式重复认知，继而形成一个庞大的记忆字库。如以《怀仁集王羲之圣教序》（图55）为例，作品从首字"大"字开始，依次建立："大—广—口—……"，并把作品范字按部首逐一认真临写归类。（图56）运用"部首解构归纳"临摹方法进行临摹，是对单个笔画、单字重复训练临摹教学法的发展和改进，从零散的笔画过渡到系统的部首引领集合，增强了对临摹范本学习记忆的规律性和科学性。

**（二）发散—集中回顾——"滚动式"的毛笔"通读"时空交会**

在运用硬笔参照国家语言文字工作委员会颁布的《汉字部首表》完成拆解作品的部首目录字库，并通过初步归纳总结，体悟了范本书法的笔法、结构规律等特点后，运用毛笔对范本按部首目录逐一进行通读钩沉。如果说运用硬笔逐字拆解，是散点状的单字

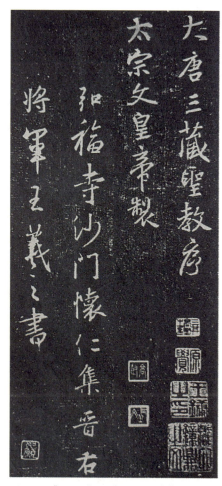

图55　《怀仁集王羲之圣教序》

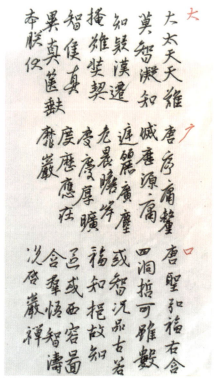

图56　硬笔分解部首范例

短时集中记忆，各部首间容易相互干扰，造成记忆消退的话，那么接下来用毛笔按单一部首"滚动式"地通读全文，是对单一部首再次进行的全员集中。"滚动式"的毛笔时空交会，是对作品的精细观察和精准临摹，即是对沉潜印象的再次唤醒，从记忆的另一个维度，再次深化记忆，在实践应用中，将会产生"一见如故"—"即时调动"—"如在眼前"的脑海浮现，继而驱动手脑协作，活灵活现。

"势来不可止，势去不可遏，唯笔软则奇怪生焉。"蔡邕在《九势》里赞美了毛笔因其笔毫软，可以八面出锋，产生千奇百怪的姿态的特性。在运用毛笔按部首逐字归纳、通读范本时，要经意，不能漫不经心，也要所贵详谨，不能谨毛失貌。

由于软笔的书写难度，构件的丰富性、复杂性等比硬笔的要求更高，这一阶段的学习归纳则显得更为重要。在硬笔书写的基础上，着眼于临摹对象笔法（提按、顿挫、起行转收回等）、墨法的细致观察、再现，临习对象单字结构（含独体字、合体字：左右结构、上下结构、左中右结构、上中下结构、半包围结构、全包围结构）的组合规律，笔势、体势关系，行轴线，章法形式等所有书法作品构件的理性分析与把握，是由简单到复杂，由低级到高级，由"单兵作战"到"多兵种、集团化"学习的全面升华。这种方法，可以调动学习者的主动性，展开想象的翅膀，层层推进演绎的建构过程，也是在记忆的另一维度上对既得成果的延伸与细化深耕。

学习者在通读字帖范本，对单一部首范字查找归类的同时，其实也是在读帖，是从文学角度赏读作品文本（作品释文）。历代的大书法家，首先是文学家、艺术家，书法、绘画乃其工作生活之余事。绝大多数的古代书法作品都是文书双璧，是书法家心迹外化的自然流露。我们在赏读书法作品的同时，应把作品释文点读清楚，方便赏读忆记，无形中也得到了文学涵养的潜移默化。

硬笔部首目录的梳理，是毛笔通读作品的依托。硬笔部分分解的部首数量，决定了全程赏读作品的次数，会直接影响记忆的效果。比如我们在用硬笔逐字分解《怀仁集王羲之圣教序》时，分解出了100个不重复的汉字部首，在用毛笔按部首顺序通览搜集归类时，相当于从形、音、义等视知觉多维角度通读了100遍。"读书百遍，其义自见"，更不讳言，在分解学习的过程中，对一个作品的部首分解数量往往会超过100个（《汉字部首表》规定了汉字的部首表及其使用规则，主部首201个，附形部首99个），对该作品的理解、记忆效果可想而知。这一学习方式的优势在于，把对单字的碎片化学习串联起来，融入全景式的思维网络，从"以点带面"到"由面及点"的"具象（字形）"—"抽象（文义）"间的不断循环往复，在与范本长时间的交互作用下，建构起更具象的认知系统，进而实现自身记忆结构的深层积淀。

## 四、以杨维桢书法为例的"部首解构"归纳

杨维桢（1296—1370），字廉夫，号铁崖、东维子，是元代杰出的文学家、诗人、书法家，人称"铁崖体"。杨维桢的书法奇崛古朴，特别是他的行草书，熔章草与今草于一炉，糅合唐代颜真卿的宏豁与元代赵孟頫的古穆遒劲，恣肆古奥，狂放雄强，出奇诡谲。明代李东阳在《怀麓堂集》中评其书曰："铁崖不以书名，而矫杰横发，称其为人。"其书法不失法度而又令人耳目一新，极大地拓展和丰富了后世对书法的审美取向，突破了历来以"二王"书风为唯一取向的审美藩篱，对现当代书法产生了积极的影响。（图57）

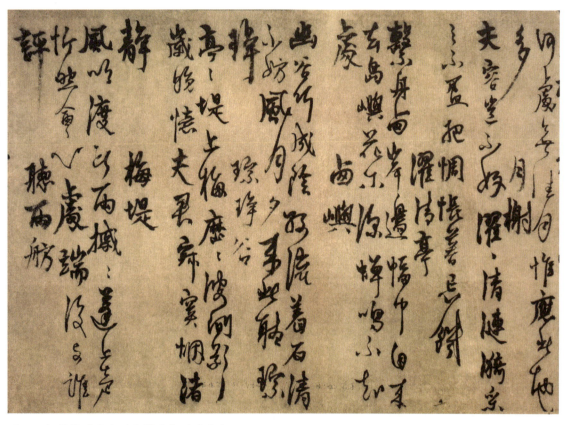

图57 杨维桢《城南唱和诗卷》（局部）

杨维桢的传世墨迹有二十余件，且都是他50岁以后的作品。在之前的按"部首解构归纳"临摹方法实践中，主要选取了杨维桢以下书法作品展开：《竹西草堂记》（1349）、《致理斋尺牍》（1359）、《沈生乐府序》（1360）、《晚节堂诗札》（1361）、《跋张雨〈自书诗〉册》（1361）、《题邹复雷〈春消息〉卷》（1361）、《题钱谱草书册》（1366）、《城南唱和诗卷》（1362）、《游仙唱和诗册》（1363）、《题〈杨竹西高士小像〉卷》（1363）、《真镜庵募缘疏卷》、《元夕与妇饮诗册》、《张氏通波阡表卷》（1365）、《跋马远画〈商山四皓图〉卷》、《跋龚开〈骏骨图〉卷》、《致天乐大尹诗帖》、《壶月轩记》（1369）、《梦游海棠城诗卷》（1369）、《鬻字窝铭轴》。

　　此部分主要是作为一个范例展示，其详细的分解过程就不一一赘述了。下面是笔者与杨维桢"交流对话"的心路历程的躬耕实践，有硬笔部首拆解归类实践过程和毛笔按单一部首归纳实践过程。

　　由于笔者对"部首解构归纳"临摹方法的探索实践是从杨维桢开始的，部首的分解存在一定的随意性，在对单字的临摹学习过程中，也会出现些许的感性发挥，这也是杨维桢强大艺术感染力作用之下的理性缺失。

　　以下为硬笔部首拆解归类实践过程。

以下为毛笔按单一部首归纳实践过程。

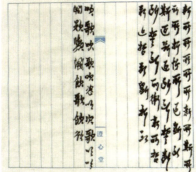

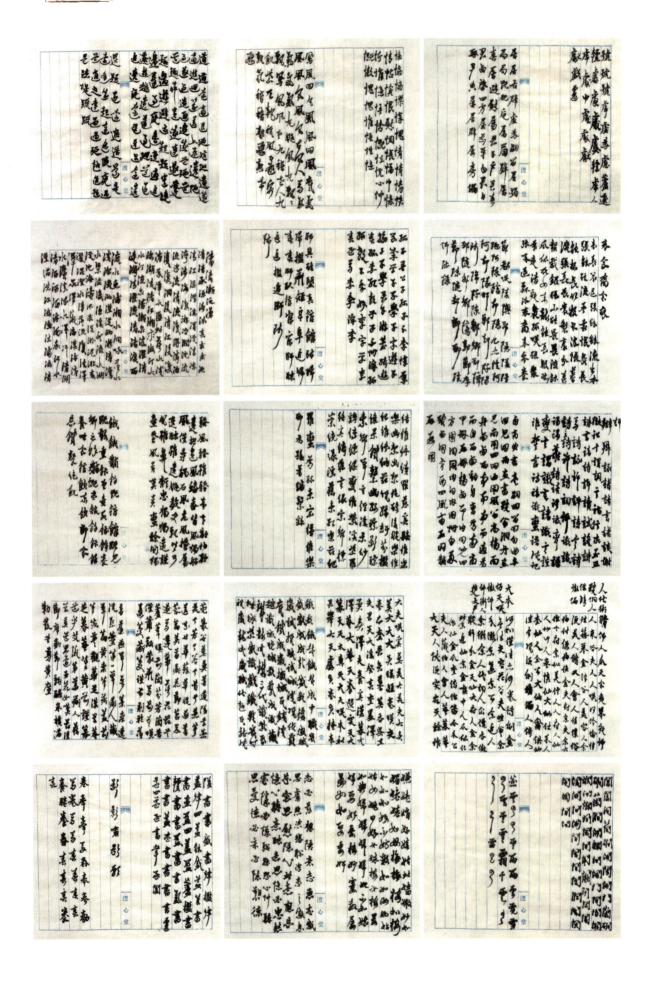

## 五、结语

"庖丁为文惠君解牛，手之所触，肩之所倚，足之所履，膝之所踦，砉然向然，奏刀騞然，莫不中音。合于《桑林》之舞，乃中《经首》之会。"[1]

"庖丁解牛""见微知著"，"部首解构归纳"临摹方法，以"部首"为介质，从记忆的两个维度，运用硬笔与毛笔两种不同书写工具，软硬兼施，殊途同归，并行不悖地将临摹对象逐字进行拆解、延伸与拓展，从而达到谙熟临摹对象，"变他神为我神"的目的。

按部首逐字分解、归纳、集中的过程就是更细腻地体会，并掌握原帖范本和书法家的技法逻辑、技法原理，甚至章法气息、格调情韵的全过程。扎实深入地吃透一个范本、一个艺术家，然后再参考与其艺术风格相近的流派、书法家进行理性的同类项扬弃，有效地打通临创转换的门径，达到"臣之所好者道也，进乎技矣。始臣之解牛之时，所见无非牛者。三年之后，未尝见全牛也。方今之时，臣以神遇而不以目视，官知止而神欲行"[2]之境界。

**本文作者**

曹杰钊：广州大学美术与设计学院

袁　珊：广州市禺山高级中学

---

① 乐贵明：《庄子集》，新世界出版社，2014年，第21页。
② 乐贵明：《庄子集》，新世界出版社，2014年，第22页。

# "金课"标准下线上书法创作课程教学模式探究

冯 猛

## 引言

近年来，各高等院校纷纷开展的线上教学既是对高校教学能力的考验，也为高等教育信息化转型提供了新的契机。自浙江美术学院开设书法专业开创高等书法教育60余年以来，口传心授与言传身教式的传统书法教学模式已不能满足教学需要，高等书法教育阵地从课堂转移至"云端"，在教学内容及设计、教学方法等方面势必发生改变，特别是"金课"标准下的线上书法课程更值得我们关注。

## 一、国家级书法"金课"的认定情况

2020年11月教育部公布首批国家级一流课程中与书法相关的有国家本科精品在线开放课程3门、线上一流课程2门、线下一流课程1门、社会实践一流课程1门，见表6。[①]

表6 国家级书法"金课"

| 课程类型及名称 | 主持人 | 所在院校 | 课程性质 | 开课平台 |
|---|---|---|---|---|
| 2017年国家本科精品在线开放课程"笔墨时空——解读中国书法文化基因" | 房彬 | 临沂大学 | 通识鉴赏课 | 智慧树 |
| 2017年国家本科精品在线开放课程"中国传统艺术——篆刻、书法、水墨画体验与欣赏" | 胡修瑞 | 哈尔滨工业大学 | 通识鉴赏课 | 中国大学MOOC |

---

① 《教育部关于公布首批国家级一流本科课程认定结果的通知》，教高函[2020]8号，2020年11月25日。《教育部办公厅关于公布2017年国家精品在线开放课程认定结果的通知》，教高厅函[2017]80号，2017年12月29日。《教育部关于公布2018年国家精品在线开放课程认定结果的通知》，教高函[2019]1号，2019年1月8日。

（续表）

| 课程类型及名称 | 主持人 | 所在院校 | 课程性质 | 开课平台 |
|---|---|---|---|---|
| 2018年国家本科精品在线开放课程"书法课堂" | 朱利 | 东北大学 | 通识鉴赏课 | 中国大学MOOC |
| 线上一流课程"书法创作与欣赏" | 卢蓉 | 华侨大学 | 通识鉴赏课 | 智慧树 |
| 线上一流课程"书法学堂" | 冯辉荣 | 福建农林大学 | 通识鉴赏课 | 中国大学MOOC |
| 线下一流课程"古代书论选读" | 李彤 | 南京艺术学院 | 专业理论课 | |
| 社会实践一流课程"书法创作实践" | 于唯德 | 西安工业大学 | 专业实践课 | |

在被认定的7门国家级书法"金课"中，5门为通识鉴赏课，侧重于书法基础知识的普及与书法鉴赏，1门为专业理论课，1门为专业实践课。相比于其他学科，书法艺术教育多以书写实践技巧为主要学习内容的教学模式，与网络信息化教育技术融合并不充分，书法教学的网络信息化水平缓滞。至今书法类课程建设也多侧重于书法理论或书法鉴赏。从国家级书法"金课"的类型和数量得以窥见这一问题的真实存在。探索符合"金课"标准的线上书法创作教学模式，推进"金课"的建设，是高等院校书法教育的一项重要任务，对于当前疫情影响下的书法教育具有现实指导价值和意义。

## 二、开展线上书法创作课程的优势与前提条件

随着网络与书法资源的数字化不断进步，几千年积累的书法资源能在"云端"轻而易举地获取利用。这种不受时空限制，实时传递和共享的线上资源大大地提高了书法学习者的眼界和取法范围，为线上书法课程最大的优势。书法资源的数字化表现，一是指书法碑帖图像数字化，如中华书法数据库、历代书法碑帖集成数据库。二是书法教材与课程数字化，如智慧树、中国大学MOOC等平台。三是书法展示与传播数字化，如抖音、微信等。网络化时代下的书法学习者的学习方法和思维的变化，必将导致这门传统艺术形式的未来发生重要变革。

近几年书法集字软件的出现对书法创作产生不小的影响。此类软件能根据书写者喜好在极短时间内完成同一风格或书体的搜集，并支持单字更替选择功能。对刚入门的书法学习者来说，能通过集字功能弥补结构方面的不足，是提高创作水平的辅助手段。但笔者认为这种集字软件的弊端也应注意，当下书法的创作有过度依赖集字软件的风气，特别是在校书法专业的同学。背诵识记字形结构是书法学习者的基本修养，且应属于学书的最初阶段，过度依赖导致提笔忘字、任笔为体的风气大兴，应当杜绝。

线上书法创作课程的开展不是课程体系中孤立的一环，一定是在书法临摹基础上的创作。书法艺术的创作都是基于临摹基础上的"新化"。书法临摹是书者获取书写技巧，形成个人审美自觉并感知书法文化内涵的不二路径，临摹环节的最终指向即为书法创作。高校书

法专业的其他教学活动皆为书法创作的基础。从临摹走向创作也应该是高等书法教育的旨归，也是每个书者最真挚的追求。同时我们还应看到书法创作是个体化意识的艺术行为，在"才""胆""识""力"等方面都有极高的要求，是贯穿书者一生的行为活动，是基于临摹基础上的延伸，同时为其后来书法的再学习、再创作提供经验。[1]书法教学中的创作类课程建设不是独立的教学过程，是在书法临摹教学扎实推进的基础上进行的，更能符合"金课"高阶性的要求。

## 三、线上书法创作课程教学设计

围绕"两性一度"的标准，线上"金课"的建设应实现借助现代信息技术，在线上环境中以多媒体形式展现前沿性与时代性的学习内容，在虚拟课堂中实现有效互动的学习支持，通过多元评价推动学生取得探究性和个性化的学习成果，最终培养学生具备解决复杂问题的综合能力和高级思维。

分析传统线下书法课程的教学过程主要由教师示范讲解、学生实践操作、互动、评价反馈等元素构成。书法艺术创作实践是一个知识建构的过程，是师生之间的体验、反思、表达和再体验的持续过程，最终目的是掌握解决复杂艺术创作问题的综合能力和高阶思维，达到"金课"教学目的。因此，在建设线上书法创作"金课"时，需要根据专业的特点，通过现代化信息技术手段，将创作实践过程的全部构成要素在线上迁移重置。

首先，线上书法创作课程设计应尽量避免使用传统课堂中优先知识传授的课程设计逻辑，应该使用基于建构主义学习理论中情境化或支架式的设计，重构课程的学习过程，鼓励学生积极观察思考、实践探究直到最后完全撤去教师提供的"支架"，最终建构出完整的知识体系的课程设计逻辑。

笔者结合自己所指导的书法学专业2020级本科线上草书创作课程案例进行阐明。

确定书写文本是进行书法创作的前提，文本传达的情绪思想与文本之字形结构，既是创作的内容也是作品形式之载体。笔者预设以下问题，引导学生关注创作文本中的"高频字"现象：对比《大观帖》中张芝《冠军帖》与王献之《草书九帖》中同有的"耳""耶""军""行""动"等字的处理方式；观察《大观帖》中王羲之《此郡帖》与王铎《临王羲之此郡帖》草书条幅中"滞"字的特点；浏览第十二届全国书法展中的草书作品，能否发现以上古代法帖中出现过的字？这些相同的字在当代书家作品中出现的频率如何？学生立刻意识到创作文本中汉字结构的重要性，由此引发学生对书法创作中高频字的重视。

这种以探究实践为主的学习过程，在一定程度上解决艺术学习中基于个体经验、创意思

---

① 王士乾、果杰：《临摹与创作的哲学思考》，载《书法》2021年第11期，第94—97页。

维等隐性知识的有效传递问题，因为更有助于培养学科思维和解决真实问题的综合技能，也因此更符合线上"金课"的创新性要求。

其次，线上书法创作课程应营造现场授课的氛围。书法创作作为一门技法实践性突出的技法课程，除相关创作理论知识的讲授外，教师现场书写的示范演示也至关重要，但由于通过视频设备采录角度和真实感的局限，学生常常很难获得身临其境的教学氛围，教师同样也处于主播角色而不能及时获得学生的现场反馈。在传统课堂中，学生观察教师示范的过程往往是从个人所关注问题的个性化学习需要出发，关注的视角往往会从全景到局部间持续转换的过程。因此，能够模拟教学临场感的现场创作示范视频，应该采用多机位、多角度拍摄，既能展示书写全景，又能展现技法细节，还要展示各类工具的使用方法。教师示范视频应全方位呈现手臂、指、腕动作和发力的细节，讲解笔墨使用方法，通过视频镜头的切换有意识地引导学生观察书写的重点和细节。这种视频的录制势必花费更多时间和精力，但是只有这样才能照顾到虚拟环境的仿真性和视觉信息传递的有效性。

教师线上教学的书写演示要使用专业教学设备，如笔者使用的书法演示系统，可从正上方、前方斜向45度、近端三个角度对教师书写过程进行直播，系统配有灵敏的笔尖跟踪功能，对笔尖的细微动作也能进行高清直播，根据需要学生可以实时切换直播镜头，这些设备的使用从一定程度上增加了授课的现场感。

在授课或批阅学生作业环节，笔者还同时使用支持随手写功能的平板电脑，能快速结合字帖图例或学生作业进行授课和批改。例如利用procreate图像软件的液化功能，即可在批阅学生作品时改动作品点画局部形态、笔画衔接方式，移动单字结构或字组位置，能迅速对学生作品局部到整体进行重组以演示不同修改后的效果，直观、高效。

再次，营造"对话课堂"。"金课"标准下的教学，学生不再仅仅是知识和技能的被动接受者，而是通过与教师多向交流构筑学习共同体，主动探究获取知识和技能。在线上"金课"的建设中，线上课堂中的互动性是一个非常重要的任务目标。学生创作实践的过程，往往通过相互评价与对话讨论，在审美意识、实践技术等方面获得反馈信息。线上授课师生互动受到软件功能、网速等因素的限制不能即时了解学生的听课感受，也不能及时答疑。随着技术的进步，钉钉、腾讯会议等多种在线课程平台的复合设计，师生会议同屏、弹幕发言等软件已十分直观高效。线上创作实践课程需要的高频互动和基于图片、视频的有效评价，已可顺畅地在虚拟学习环境中达到"对话课堂"的要求，实现线上"金课"要求的高阶性与创新性。①

此外，因前期基础功力不牢、方法不对或情绪不稳等原因，导致在临摹与创作中进入一种迷茫无序且不进反退的状态，这就是书法学习瓶颈期。教师应在授课中多留意学生平常的书写状态，更要敏锐地捕捉和及时疏导学生的困惑，将瓶颈期造成的焦虑、自卑等负面情绪

① 谭友坤：《高校艺术"金课"建设的困境及其突破》，载《四川戏剧》2021年第9期，第164-166页。

及时化解并加以安抚鼓励，同时对学生产生的过度自信、误入歧路等问题及时制止。

　　在线上书法创作课程教学过程中要充分利用网络平台，运用直观教学方法，增强书写过程的示范性，要以学生为中心，激发学生的学习兴趣，引导学生参与课堂互动，从而提高教学的有效性。同时要注重学生的个别差异和监督提醒，做到因材施教，培养学生自主学习的能力。

## 四、结语

　　线上书法创作课程的建设是一个复杂的系统性工程，需要众多书法教育工作者长期地实践和摸索。只有将书法教育设计要素与新理念、新模式、新技术相结合，才能建设出符合艺术教育规律特点、符合新时代艺术人才培养要求的线上书法"金课"。

**本文作者**

冯猛：河北美术学院书法学院

# 对非汉语母语教学教本 *Chinese Characters 2* 与 *Chinese Calligraphy* 中甲骨文形态解释的英译之异议

## ——以与"人"相关的汉字为例

颜 頔

在书法中有"书画同源"一说，对于非汉语母语者而言，汉字就如同一幅幅抽象的图画，书写汉字则更似构思一幅宏观的画幅。汉字与绘画最大的区别在于汉字的符号化，每一个汉字都凝聚着中国的传统文化，非汉语母语者从学习甲骨文入手，既能直观形象地了解汉字的造字方法，又可深刻理解汉字的含义，体会中国文化的历史渊源与博大精深。

## 一、甲骨文及其形态解释的英译本介绍

甲骨文是汉字造字的反映依据，汉字的造字方法分为象形、指事、会意、形声、转注、假借。其中，象形、指事、会意、形声为创造文字，即以象形之法画其形，以指事之法识其事，以会意之法合其义，以形声之法标其音；而转注、假借则为运用文字，强调转注以汇文字之通或则文字之用，有时而穷，则假借以济文字之穷。[①]由此可见，汉字始终是建立在象形文字的基础上发展、演变的，何为象形？画成其物，随体诘诎为象形[②]，具有显而易见的特征。

本文选取了两本内容相似的甲骨文译本，一本是Edoardo Fazzioli 的*Chinese Calligraphy*，二是Y H Mew的*Chinese Characters 2*。二者都倾向于对甲骨文形态的直译，在介绍甲骨文形态时，除了对甲骨文形态的描绘外，还介绍了与该汉

---

① 胡朴安：《中国文字学史》，上海科学技术文献出版社，2014年，第1页。
② 胡朴安：《中国文字学史》，上海科学技术文献出版社，2014年，第2页。

字有关的中国文化，匹配了与汉字相关的图片，不仅为阅读者展示了汉字的演变过程，还展示了甲骨文对应的现代汉字的笔顺。

　　二者最大的区别在于：让人能否直接从文字中获取对甲骨文形态的认知。Y H Mew对甲骨文形态的解释是，阅读者必须结合图片才能理解；而Edoardo Fazzioli 的介绍较为全面，阅读者通过阅读文字就可直接理解汉字的甲骨文形态。Edoardo Fazzioli 在书中也根据中国文化的重要性将甲骨文分为八个部分：人类、身体、旅行、生活居住地、笔、龙、玉和黄色，并逐一对八个部分的相关汉字进行剖析；Y H Mew则只选择汉字的偏旁部首。二者对比，Y H Mew的 *Chinese Characters 2*更适合有一定甲骨文形态认知基础的阅读者。

## 二、对英译本中的甲骨文形态解释之异议

　　甲骨文之所以能成为汉字的反映依据，是因为甲骨文的形态携带着可供分析的意义信息，承载着中国的传统文化。而中西文化上的差异所造成人们意识形态上的不同，便成为非汉语母语翻译者在翻译时最头疼的事情，翻译者只有在对中国文化全面、系统、深入了解的情况下，才能感受到甲骨文所带来的独特魅力。中西方文化相异还体现在语言和文字的表达方式与呈现形式上，西方的文法，好处是思考缜密，缺点在于过分烦琐。中国文字在文法上弹性非常大，时常会省略英文文法中不可或缺的主语与动词，也没有冠词，翻译者在翻译时必须根据原文内容判断出其时态、数量、人称等变化来考量，非汉语母语者翻译时自然而然地感到特别棘手，便由字面直接翻译，显得牵强附会，本文就书中中译英所出现的问题提出异议。

　　（一）甲骨文"人"形态的英译

　　"人"，像人侧身而立之形①。

　　对比两本书（表7），我们不难发现，Edoardo Fazzioli 与Y H Mew都对甲骨文"人"的形象进行了描绘，其中描绘"站立"时，Edoardo Fazzioli用了 "an erect stance"，强调一个直立的姿势，而Y H Mew则用了人们最习惯的表达—— "stand"，指明了站立的姿势，对比之下，Edoardo Fazzioli用的较Y H Mew恰当得多。

表7　对甲骨文"人"形态的描绘

| 甲骨文形态 | Edoardo Fazzioli 译本 | Y H Mew 译本 |
|---|---|---|
| 𠆢 | ...the character indicating "man" emphasizes the main human characteristic: an erect stance. The evolution of the signs shows how—starting with the man shown in profile, with his head, hands and legs clearly visible—it developed into its present form, in which the man appears head-on, his legs apart② | ...depicts a person standing and facing sideways③ |

---

① 许慎：《说文解字》，中华书局，1978年，第161页。

② Edoardo Fazzioli: *Chinese Calligraphy*，阿布维尔出版社，1986年，第24页。

③ Y H Mew: *Chinese Characters 2*，五洲传播出版社，2017年，第22页。

Y H Mew在描写甲骨文"侧面"形象时用的是 "facing sideways"，译为"看向一侧"，由之 "standing and facing sideways"便可理解为"站立且侧看"，显然，这样的翻译不恰当，一个人站立且向一侧看并不能强调是一个人的侧面，因此， "the man shown in profile"的翻译略显风采。

Edoardo Fazzioli对甲骨文"人"的描述，也介绍了汉字"人"的演变过程，可他最后对汉字"人"演变的翻译出现了差错， "it developed into its present form, in which the man appears head-on, his legs apart"，甲骨文"人"与现代汉字"人"的写法，最大的变化是将甲骨文"人"进行了左右拉伸，可这左右拉伸的并不是"人"的两条腿，而是"人"的手部与腿部。

**（二）与甲骨文"人"形态有关的英译**

1. 与甲骨文"人"组合形态的英译

（1）甲骨文"比"形态的英译。（表8）

**表8　对甲骨文"比"形态的描绘**

| 甲骨文形态 | Edoardo Fazzioli 译本 | Y H Mew 译本 |
|---|---|---|
| | The character is an inverted transcription of the character "cong", meaning "to follow". It shows two men who have stopped and are measuring each other up, giving the idea of "to confront" or "to examine" ① | The ancient character for the word "比" depicts two people standing close together, one in front, the other behind.Thus, the word "比" means "compare" ...② |

"比"，动词，两人并肩挨着。③

Edoardo Fazzioli 与Y H Mew在对甲骨文"比"进行形态描绘时，都描写了站立、静止的两个人形。

《说文解字》中称"二人为从，反从为比"④。这与Edoardo Fazzioli描写的 "The character is an inverted transcription of the character 'cong'"相符，强调了"比"与"从"在方向上的变化。

Y H Mew在对"比"的描述中，称 "...two people standing close together"， "close"一词的使用与造字本义中的"挨着"类似，加上 "one in front, the other behind"（两个人一前一后站着）便体现出了"比"为两个侧面的人形，这也是Edoardo Fazzioli在对甲骨文"比"形态进行描绘时未涉及的内容。

Edoardo Fazzioli与Y H Mew在对甲骨文"比"进行形态描绘时，都犯下了一个错误， "measure each other up"与"compare"的使用赋予"比"和"比较"之意，而"比较"之意并不是"比"的造字本义，而是"比"的引申义。两个侧面一前一后站着的人形也并不能直

---

① Edoardo Fazzioli：*Chinese Calligraphy*，阿布维尔出版社，1986年，第76页。
② Y H Mew：*Chinese Characters 2*，五洲传播出版社，2017年，第14页。
③ 谷衍奎：《汉字源流字典》，语文出版社，2008年，第74页。
④ 许慎：《说文解字》，中华书局，1978年，第386页。

接体现出"比"的"比较"之意，同时，"giving the idea of 'to confront' or 'to examine'"在造字本义中也无从体现。

（2）甲骨文"疒"形态的英译。（表9）

表9 对甲骨文"疒"形态的描绘

| 甲骨文形态 | Edoardo Fazzioli 译本 | Y H Mew 译本 |
|---|---|---|
| 𤕐 | The pictograph shows a person lying in bed under a canopy and therefore, by extension, it comes to mean "illness" [1] | The earliest form of the character "疒" depicts a person lying in bed, expressing the meaning of "illness" [2] |

"疒"，倚也，人有疾病，像倚箸之形。[3]

根据Edoardo Fazzioli与Y H Mew对"疒"的描绘，我们可以得到"疒"的甲骨文形态为"𤕐"，因为二者在描述时都出现了"a person lying in bed"，指明了甲骨文"疒"的形态像一个人躺在床上，但这个人究竟是一个什么样的状态却都没作出描述，这导致我们在理解时，很难将一个躺在床上的人联想到是生病的人；又，二者描述"疒"的甲骨文写法也有别于"𤕐"，多出来的三个小点正是对这个躺在床上的人的一种描写，强调这个人是一个盗汗的病人，从而"𤕐"是"𤕐"的简写。

"疒"的写法还可作"𤖭"，指躺在床上的孕妇。因此，"疒"的造字本义为"病人或孕妇卧床休息"。

2. 甲骨文"人"变形形态的英译

（1）甲骨文"尸"形态的英译。（表10）

表10 对甲骨文"尸"形态的描绘

| 甲骨文形态 | Edoardo Fazzioli 译本 | Y H Mew 译本 |
|---|---|---|
| 𝄐 | Derived from another earlier sign, which indicated a crouching man or woman, this character has acquired the meaning of "seated man" —a figure that in ancient graphics represented that it is simply a form invented by early man to represent the ancestor he was no longer able to see [4] | The pictogram of he word "尸" looks like a human seated in an upright position. It depicts the ancient practice of seating a living person, usually a servant or someone of junior status, to represent the deceased at their memorial service [5] |

---

① Edoardo Fazzioli: *Chinese Calligraphy*，阿布维尔出版社，1986年，第232页。

② Y H Mew: *Chinese Characters 2*，五洲传播出版社，2017年，第13页。

③ 许慎：《说文解字》，中华书局，1978年，第348页。

④ Edoardo Fazzioli: *Chinese Calligraphy*，阿布维尔出版社，1986年，第50页。

⑤ Y H Mew: *Chinese Characters 2*，五洲传播出版社，2017年，第44页。

"尸"，甲骨文字形像一个坐着的人。<sup>①</sup>

Y H Mew在对"尸"进行描绘时，认为甲骨文"尸"的形态是一个直立坐着的人形，目的是为了代替已故的人接受祭拜，这与"尸"的造字本义——"名词，坐在祭位上、代替死者接受祭拜的死者亲属"<sup>②</sup>相类似。Y H Mew在介绍"尸"字时，也为读者讲解了古代"屍"（古时候指已故的人）与"尸"（静坐代屍受祭的活人）的区别。

Edoardo Fazzioli在介绍甲骨文"尸"字时，着重介绍了甲骨文"尸"为一个蹲踞的人的形态，这种形态多半是出于对金文"尸"的理解。金文"尸"作"₹"，"₹"的形态就有点像Edoardo Fazzioli描述的"a crouching man or woman"。Edoardo Fazzioli在描述完"a crouching man or woman"之后又补充了对"seated man"的解释。由此可见，Edoardo Fazzioli对甲骨文"尸"的理解是有一定偏差的。

（2）甲骨文"女"形态的英译。（表11）

**表11　对甲骨文"女"形态的描绘（一）**

| 甲骨文形态 | Edoardo Fazzioli 译本 | Y H Mew 译本 |
|---|---|---|
| 𠨍 | The pictograph shows her in a submissive position typical of Chinese women...<sup>③</sup> | The inferior status of women in early Chinese society is reflected in the pictogram of the word "女". In the earliest form, the word represents a woman in a kneeling posture<sup>④</sup> |

"女，妇人也。"<sup>⑤</sup>像屈膝交手的女人之形。

Edoardo Fazzioli与Y H Mew对甲骨文"女"的解释都基于古代女子社会低下的层面。

究其实，甲骨文"女"的姿势为古代女子跽坐的形象。古时，人们正坐时，表达自己对平级或是上级的一种尊敬，跽坐则是对比自己身份低下的一种坐姿。

从褒贬词性来看，Edoardo Fazzioli在描述甲骨文"女"坐姿时所用的"submissive position"是不恰当的，相比之下，Y H Mew的"kneel"显得较为中肯。

从跪姿来看，"kneel"在英文字典中的解释为"to go down into, or stay in, a position where one or both knees are on the ground"，对跪姿的解释并没强调一定是双膝下跪之意，若要表达"双膝"，则可用"go down on one's knees"或"kneel upon one's knees"。在原文中，Y H Mew很巧妙地运用了形容词"kneeling"（"supporting yourself on your knees"），避免了因单膝、双膝下跪而产生的误解。

同时，Edoardo Fazzioli在文中描绘古代坐姿时，虽然将甲骨文"女"的形态描绘得淋漓尽致——"...her hands clasped in front of her and hidden by her sleeves, bowing, with her head

---

① 许慎：《说文解字》，中华书局，1978年，第399页。

② 谷衍奎：《汉字源流字典》，语文出版社，2008年，第45页。

③ Edoardo Fazzioli：*Chinese Calligraphy*，阿布维尔出版社，1986年，第26页。

④ Y H Mew：*Chinese Characters 2*，五洲传播出版社，2017年，第12页。

⑤ 许慎：《说文解字》，中华书局，1978年，第258页。

inclined." 但他始终认为甲骨文 "女" 的写法是出于古代女子的地位低下。而中国古时的踞坐要求双膝着地，上身挺直，臀部坐在小腿肚上，这也与Edoardo Fazzioli文中的 "…bowing, with her head inclined" 不相符。（表12）

表12　对甲骨文 "女" 形态的描绘（二）

| 甲骨文形态 | Edoardo Fazzioli 译本 |
|---|---|
| (甲骨文字形) | …her hands clasped in front of her and hidden by her sleeves, bowing, with her head inclined[1] |

（3）甲骨文 "儿" 形态的英译。（表13）

表13　对甲骨文 "儿" 形态的描绘（一）

| 甲骨文形态 | Edoardo Fazzioli 译本 | Y H Mew 译本 |
|---|---|---|
| (甲骨文字形) | This radical initially shows a child who first crawls, trying to hold up its body and large head, then stands up, teetering on uncertain legs. In the earliest forms the large head, apart from clearly displaying two pigtails, emphasizes the fact that the fontanelles have still not closed. This explains why the sign is open at the top[2] | The pictogram of the conventional character shows an infant with a big head and a small body. The opening at the top part of the pictogram represents the soft spot found in the head of infant[3] |

"儿"，甲骨文像小儿的头大而囟门未合之形。[4]

Edoardo Fazzioli与Y H Mew在对 "儿" 进行描绘时，都对 "儿" 之 "小儿头大" 的形态进行了描绘。

Y H Mew描写得较为生涩，让人难以理解为什么 "儿" 是 "头大身小" 的。

Edoardo Fazzioli在描述时创设了小孩从爬到摇摇晃晃站起来的场景，让读者形象生动地理解了 "儿" 的 "头大身小"。

再者，Y H Mew对甲骨文 "儿" 头部的描述也只用了 "the soft spot found in the head of infant"，只是强调了婴儿脑袋有个较软的地方，但这并不能作为 "儿" 头部空缺的解释。

而Edoardo Fazzioli在介绍时就明确地指出了头脑空缺的原因是 "the fontanelles have still not closed"（囟门未合）。（表14）

---

① Edoardo Fazzioli: *Chinese Calligraphy*，阿布维尔出版社，1986年，第26页。
② Edoardo Fazzioli: *Chinese Calligraphy*，阿布维尔出版社，1986年，第74页。
③ Y H Mew, *Chinese Characters 2*，五洲传播出版社，2017年，第38页。
④ 许慎：《说文解字》，中华书局，1978年，第405页。

表14　对甲骨文"儿"形态的描绘（二）

| 甲骨文形态 | Edoardo Fazzioli 译本 | Y H Mew 译本 |
|---|---|---|
| | In the earliest forms the large head, apart from clearly displaying two pigtails, emphasizes the fact that the fontanelles have still not closed. This explains why the sign is open at the top[①] | The opening at the top part of the pictogram represents the soft spot found in the head of infant[②] |

（4）甲骨文"长"形态的英译。（表15）

表15　对甲骨文"长"形态的描绘

| 甲骨文形态 | Edoardo Fazzioli 译本 | Y H Mew 译本 |
|---|---|---|
| | The pictograph shows hair that is so long it has to be tied up. Later on, a hairpin was also added to the character. All this indicates a grown person, the elder brother, the oldest in a group, but also "to grow", "to develop". Hair is a sign of old age and, as we have already seen, the beard is a sign of wisdom[③] | The pictogram of the word "长" depicts an old man with long hair, supported by a walking stick[④] |

　　"长"，名词，头发飘飘的挂杖老人。[⑤]

　　Y H Mew简略地概括了甲骨文"长"的形态，其文中强调了"long hair"与"a walking stick"，这与"长"的造字本义相似。

　　Edoardo Fazzioli在对"长"的甲骨文形态进行描绘时，对头发飘飘做了详细的解释，指明了长发是长者的特征，发簪是成年男性的标志，但他并没有提及拐杖。观其选取的甲骨文形态便可知，Edoardo Fazzioli选择甲骨文"长"的形态有别于Y H Mew，他选取的甲骨文形态为"长"，自然就少了表示拐杖的部分。

　　（5）甲骨文"老"形态的英译。（表16）

表16　对甲骨文"老"形态的描绘

| 甲骨文形态 | Edoardo Fazzioli 译本 | Y H Mew 译本 |
|---|---|---|
| | The character for "old" was originally composed of three signs: "hair", "person", "change". When a person's hair changes colour it means he or she has grown old; baldness is rare amongst the Chinese[⑥] | The pictogram of the word "老" depicts an old hunched man supported by a walking stick. So the word originally meant "an old person"[⑦] |

① Edoardo Fazzioli：*Chinese Calligraphy*，阿布维尔出版社，1986年，第74页。

② Y H Mew：*Chinese Characters 2*，五洲传播出版社，2017年，第38页。

③ Edoardo Fazzioli：*Chinese Calligraphy*，阿布维尔出版社，1986年，第245页。

④ Y H Mew：*Chinese Characters 2*，五洲传播出版社，2017年，第19页。

⑤ 谷衍奎：《汉字源流字典》，语文出版社，2008年，第88页。

⑥ Edoardo Fazzioli：*Chinese Calligraphy*，阿布维尔出版社，1986年，第233。

⑦ Y H Mew：*Chinese Characters 2*，五洲传播出版社，2017年，第100页。

"老"，表示头戴冠冕、手拄拐杖的年长上卿或大夫。[①]

从甲骨文"老"的形态，我们不难看出，甲骨文"老"是由表示冠冕的"ᴓ"、表示人的"ᐱ"与表示手拄拐杖的"ᕃ"组成。《说文解字》称"老"为"考也。七十曰老，从人毛匕，言须发变白也"[②]，又认为"老"是由"人""毛""匕"组成。可见，人们对"老"的写法、理解不一。

Edoardo Fazzioli称"老"由"头发""人""变化"组成。在对"老"的描述中，他注重的是头发颜色的变化，认为"老"就是指头发变白的人。从字面义上看，Edoardo Fazzioli的描述与《说文解字》的描述相符；"老"的造字本义——"名词，古代对年长大臣的尊称"[③]，Edoardo Fazzioli的描述也对应着"老"的造字本义，"老"表示"年长者"是出于造字本义的扩大引申，古人认为须发是父母所赐，不可剔除，上卿或大夫因为年长，他们的头发也会是长长的。

Y H Mew在对"老"做解释时，写道 "an old hunched man"（一个弯腰驼背的人），这种信息在甲骨文造字本义中不存在，而在《甲骨文编》说卜辞时，就对"老"有过"像人老伛背之形"的描写，只是卜辞中的"老"是用来专门指像舞臣这样的专职官员。

（6）甲骨文"欠"形态的英译。（表17）

**表17　对甲骨文"欠"形态的描绘（一）**

| 甲骨文形态 | Edoardo Fazzioli 译本 | Y H Mew 译本 |
|---|---|---|
| ᑫ | ...as is shown by the drawing with its three wavy lines in the upper part of the sign[④] | The pictogram of the word "欠" resembles a man who is kneeling down with his mouth open[⑤] |

在对甲骨文"欠"的形态进行描绘时，Edoardo Fazzioli称"欠"为"字形上方有三条波浪线"，而Y H Mew却称"欠"为"一个跪着的、张口的人"，显然二者的描绘不一。

究其实，Edoardo Fazzioli描绘的并不是甲骨文"欠"的形态，而是"欠"的小篆形态。《说文解字》对"欠"部的解释："欠，张口气悟也。像气从人上出之形。凡欠之属皆从欠。"[⑥]于是，古人便用三条波浪线来表示张口呵出的气体。

象形字典称"欠"像人打哈欠之形。[⑦]因此，Edoardo Fazzioli所用的"breathless"（喘不过气）不准确，而Y H Mew用的 "yawning"就比较准确。（表18）

---

① 谷衍奎：《汉字源流字典》，语文出版社，2008年，第224页。
② 许慎：《说文解字》，中华书局，1978年，第398页。
③ 谷衍奎：《汉字源流字典》，语文出版社，2008年，第88页。
④ Edoardo Fazzioli: *Chinese Calligraphy*，阿布维尔出版社，1986年，第85页。
⑤ Y H Mew: *Chinese Characters 2*，五洲传播出版社，2017年，第18页。
⑥ 许慎：《说文解字》，中华书局，1978年，第410页。
⑦ 谷衍奎：《汉字源流字典》，语文出版社，2008年，第104页。

**表18　对甲骨文"欠"形态的描绘（二）**

| 甲骨文形态 | Edoardo Fazzioli 译本 | Y H Mew 译本 |
|---|---|---|
| | The pictograph, later wrongly interpreted by scribes, shows a man breathing with difficulty. He is breathless...[1] | He seems to be yawning or exhaling[2] |

英文与汉字都起源于象形，尽管文字在演变的过程中都是由起初的图画象形文字逐渐演变成现代文字，但文字的演变很大程度上都保留了原来文字的构成与最初的字义。所以，英文与汉文的互译也会因其文化不同而存在差异。中国文学似乎敏于观察，富于感情。[3]中国古人的表达方式较现代人及西方人含蓄，这就使得我们在翻译时需要着重思考等值传译。如何在读者中引发"等值反应"，值得推敲！

Edoardo Fazzioli与Y H Mew对甲骨文形态解释的直译，虽然有助于非汉语母语者更快地了解甲骨文的形态，但直译会使人缺乏自我思考、追踪溯源的探究精神。我们常说："一百个读者就会有一百个哈姆雷特。""仁者见仁，智者见智。"只有让非汉语母语者学会从不同的角度出发，身临其境，进入角色，挖掘内涵，发现奥秘，才能更好地掌握学习中国文化行之有效的方法。

**本文作者**

颜顿：广州城市职业学院

---

① Edoardo Fazzioli：*Chinese Calligraphy*，阿布维尔出版社，1986年，第85页。
② Y H Mew：*Chinese Characters 2*，五洲传播出版社，2017年，第18页。
③ 余光中：《中西文学之比较》，载余光中：《翻译乃大道》，外语教学与研究出版社，2014年，第50页。

## 倪宽作品及名家评语

倪 宽

### 倪 宽

　　师从石开、陈国斌先生，擅书法、篆刻、中国画。倪宽主攻正书，兼习行草。从汉隶入门，后专注于简帛书多年。他以汉隶为宗，简帛为用，将广义上的帖类简帛小字写成了有金石味的大字。隶楷篆各体自成一格。倪宽的中国画记录了他近十年来在书法篆刻之余创作的点滴，基于其书法审美观和学习经验，以轻松的心态进行写画的创作，呈现一种自由的气息。篆刻则以写意之印风作为表达，取古今篆刻的精髓，古雅奇逸。

　　倪宽现为广州美术学院美术教育学院的特聘教授、中国书法家协会新文艺委员会委员、广东省书法家协会主席团成员、博士生导师。

草书古诗二首　138 cm×34 cm

## 名家评语

（一）无法而法，莫可端倪。艺途之宽，良有以也！

（梁江：中国美术馆研究员、广州美术学院中国近现代美术研究所所长）

（二）笔厚而势奇。

（王镛：中央美术学院书法艺术研究室主任、教授、博士生导师）

（三）倪宽先生，又名蔚睦，广东人也。禀赋异能，于书尤擅，敏而辨雅俗，故得进近堂奥，是识也，亦天也。近十年专研两汉简书，取古奥天真之姿。放笔作大字，奇趣生焉。夫书有巧拙，巧者精灵而勾人神魂。却每失之小局，拙者疏略，却也别涵深蓄。亦惑以为粗鄙也。二者冰炭，难以强台。而能者糅之，苟合其度，则神采一现，失其度，则俗态毕现矣。倪宽是能者，所作成之者。十之七八，诚可钦佩。此集近作影印，余以巧作略论其艺，不及全面。为序。

结字取之简牍，用笔自作腾挪，倪君性情才华一览无遗。

倪宽书法结构奇特，意境高古，我见震惊。

（石开：著名书画篆刻家）

（四）蔚睦（倪宽）的字透出一种自然的淳朴与宁静，让人看了很舒坦。你大概不会想到这是他多年在军旅生涯中的辛劳与奔波之余而作，一种沁人的文人情怀，实在虔诚与坚韧。书法传统中文字的文学性表意功能已开始转向现实的符号造型，追求纯粹的美学意义，从而书法家也是遇到转型的艰辛，不但要解决"继承与发展"的相关课题，而且要面对现实的诸多生存问题。蔚

江右老宅男（白文方印）　　4 cm × 4 cm

任山居（朱文长方印）　　5 cm × 3 cm

八公山人世国印（朱文长方印）
5 cm × 4 cm

六得居（朱文方印）　　3 cm × 3 cm

睦不畏艰难，决意前行。我祝他一路顺风。

（陈国斌：北京印社副社长、中国艺术研究院中国书法院研究员）

（五）字峭峭之势，剑纵变化而神气峻密。字内与字外的空间分布大幅度对比，但字势呼应，行气连贯。令人作水落石出之想，部分字势之变偶有失度，盖缘于刻意为之。

（何应辉：四川省书法家协会名誉主席）

（六）用笔爽辣，结体紧凑，造型生动有趣。

（沃兴华：复旦大学文博系教授、博士生导师）

（七）作为一名人文书画家，倪宽的书法诸体兼擅，体裁丰富，所以颇具盛名。他的结字张弛有度，体势紧凑且开张，不刻意求工，流露出恣意、天真自然的情趣，笔势的力度和美感并存，用笔时生动率意，一气呵成，在画面中营造了近乎现代写意的抽象之美。

（王绍强：广东省美术馆协会会长、广东省美术家协会副主席、广东美术馆馆长）

"成五有十"隶书六言联
234 cm × 68 cm

"好花夕阳"隶书七言联
180 cm × 48 cm

（八）倪宽先生是一位富有幽默感而又有创造力的艺术家，他熟谙中国传统书、画、印和当代艺术之间的内在逻辑，作品风格奇特，令人过目不忘。

（吴慧平：广州美术学院教育学院院长、教授、博士生导师）

（九）倪宽先生的画作极其罕见地穿越了数千年中国传统文化而直抵当代艺术的核心观念。他一方面成熟得能将书法和绘画的风格完全融合统一，另一方面又天真地保持着孩童般的赤子之心，二者竟然同时自然和谐地表现在他的作品当中，确实难能可贵！

（叶正华：广东省美术家协会常务副主席、硕士生导师）

录题画诗二首（楷书斗方）　50cm×50cm　　元稹诗（楷书斗方）　50cm×50cm

书画小品系列之五　50cm×50cm　　书画小品系列之六　50cm×50cm　　梵荷·渡之六　178cm×47cm

# 以书为"活"

邵俊杰

近十年，我书法的主修方向在苏东坡，其余的时间都花在了与书法有关的生活实用书法上，如"刻"。

中国传统文化中"刻"的类型非常丰富，先贤们是无所不刻，通过"刻"，得以传承书法，"刻"可以令书法更加书法。在古人的生活中，书法只是一种实用的媒介，艺术性是极少的一部分，"我书无意"是大部分文人学者，下至经生布衣，书法"意"与"不意"，是自然为书，"技"是有"意"而为，而"意"在先贤心目中，是终生的、综合的积淀体。然这"意"源于闲情偶寄，如此书法，才具"玩"的意趣，文字诞生于生活，文字才具有"活"下去之意。其实，书法的面目因情而异，因怀而感。

我的书法生活是极杂的，也是极单一的。杂是什么都去写写，虽然近年迷情于苏东坡，但凡是笔法腻妙的书写，我都相见恨晚，且此情怀从没退消，而坡翁却是我的书法生命寄托，行笔的慢，笔尖的柔，让我重度书法的"技"与"情"。我着迷于细节的付出，沉醉于节奏的堕落，做着白日梦，过着"人"的生活。

书写，刻壶，制砚，玩竹，赏拓，阅读，几乎是我生活的全部。有时，刻一字花一整天的时间，却也不亦乐乎，极其夸大了自己内心不实的审向，把自己捏于孤独无尽的泥潭中，而最终什么也不是。

拟苏东坡行书

行草纳兰词　　自刻竹对联拓片

自刻扇骨拓片并跋

自刻竹臂搁拓片并跋

自制笔架拓片

自制兰亭砚拓片并跋

自刻紫砂壶全形拓

## 《笔象·笔意·笔境——书法鉴赏的艺术》

· 人民美术出版社
· 2021年修订改版
· 吴慧平 著

这是一本很值得所有搞书法、玩书法、研究书法的人去读的书！全书虽然列出十个篇章，但实质上还是在环境、本体、审美、风格这四大框架上展开对书法的解读，同时以"史"贯之，最后以"鉴赏"为旨归。在整体的结构布局中，兼顾宏阔的视野和有选择的阐释，浓缩"共性"(史学共识)展开"个性"(自己的学术观点)，张弛有度，铺展自如。在这样的结构场景下，我们的阅读经常会轻松与深度相互交织，或者会然于心，或者灵光四射，或者凝神静思，或者茅塞顿开。所以，这也是一本很能够生成阅读"意味"的有情趣的好书。

## 《祝允明书法接受史研究》

· 中国文联出版社
· 2020年
· 舒鸣 著

祝允明真实的形象和书法风格与传世文献中记载的并不一样，二者之间存在一个落差，这一落差的存在为不同时代、地域的个人和群体进行理解和重塑提供了可能性，祝允明及其书法的接受史正是因为这一落差的存在得以发展和演变。后世对于祝氏的评价是建立在前人评价的基础上，因而祝氏形象重构的过程存在"叠加效应"。换言之，祝氏形象和书法风格的接受是一个持续变动的过程。虽然随着时间的推移，祝氏及其书法形象因为受到不断的诠释和重构而偏离真实形象，但这种偏离通常作为历史真实而被接受。本书从一个较为新颖的视角，对明代中叶以来关于祝允明知识的来源、形象构建、不同阶层和区域的人对祝氏及其书法的态度和评价等问题进行了深度探讨。

易大厂（1874—1941）是近现代著名诗词家、金石学家、书画篆刻家、音韵学家、现代歌唱音乐先行者，近年来关于其各个领域的学术研究论文不断见诸报刊、国际学术研讨会论文集等。学界正在不断地揭开这位曾被印学界认为与吴昌硕、赵时棡、黄牧甫并列，于历史中封尘已久的神秘面纱。本套书是易大厂仙逝之后第一次全面地针对其书画印作品的图录研究，本套书共三册，第一册《诗词手札》，第二册《书画作品》，第三册《玦亭钤印集》。为了更好地体现原作本来样式，第一、第三册皆采用原大原色编排和印刷。本书对作品释文进行详细考释和辑录，并附《百涩词心：易大厂诗词考轮》《在碑学的视域下：易大厂书法考轮》《文人体系下：易大厂绘画考轮》《古钵文字视野下：易大厂篆刻考轮》四篇长文考释易大厂诗词手稿、书画作品、篆刻作品及其艺术风格、时代性和历史价值。

《豇豆红馆：易大厂诗词书画印图考》

· 西泠印社出版社
· 2021年
· 洪权 编著

《吴中海岳：祝允明人生与书学考论》

· 中国社会科学出版社
· 2020年8月
· 朱圭铭 著
· 入选第七届中国书法兰亭奖

本书以明代中期代表书家祝允明为研究对象，结合地域环境、时代背景、历史评价等诸多因素，对祝允明的家世、生平事迹、主要交游、书学思想、书艺风格、传承影响和历史评价等问题进行了综合深入的研究，在一定程度上弥补了目前学界对祝允明研究的不足，进一步明确了祝允明对书学的具体贡献及其在书史上的地位。

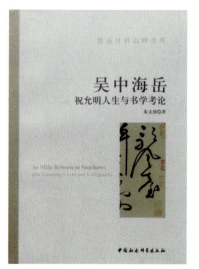

# 《广东历代书家研究丛书》第一辑、第二辑

·岭南美术出版社

主编：廖曙辉　副主编：纪光明　陈志平

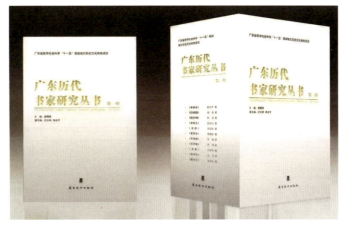

《广东历代书家研究丛书》（第一辑）

《广东历代书家研究丛书》（第二辑）

本套丛书是从全国组织多名书法理论研究学者，历时六年时间精心编写。是广东首次系统、全面地研究岭南历代著名书法家的学术丛书，本套丛书的出版为后人研究岭南书法提供了宝贵的资料，具有较高的学术水平和史料研究价值，同时也进一步推动了对岭南书法的研究，增强了书法的学术氛围，对广东书法的对外宣传和推动有积极的意义。本套丛书已列为"十一五"广东省级社会科学重点研究项目。

《广东历代书家研究丛书》（1—11为第一辑，12—21为第二辑）：

| 序号 | 书名 | 作者 |
| --- | --- | --- |
| 1 | 《陈献章》 | 陈志平 |
| 2 | 《天然函昰》 | 杨权 |
| 3 | 《澹归今释》 | 钟东 |
| 4 | 《梁佩兰》 | 刘宝光 |
| 5 | 《宋湘》 | 李吾铭 |
| 6 | 《康有为》 | 蔡显良 |
| 7 | 《叶恭绰》 | 叶梅 |
| 8 | 《邓尔雅》 | 周成 |
| 9 | 《容庚》 | 方孝坤 |
| 10 | 《商承祚》 | 王祥 |
| 11 | 《麦华三》 | 璩龙林 |
| 12 | 《吴子复》 | 翁泽文 |
| 13 | 《陈恭尹》 | 张维红 |
| 14 | 《李文田》 | 梁达涛 |
| 15 | 《谢兰生》 | 潘永耀 |
| 16 | 《吴荣光》 | 周利锋 |
| 17 | 《梁鼎芬》 | 胡翔龙 |
| 18 | 《梁启超》 | 靳继君，高强 |
| 19 | 《邹鲁》 | 吴晓懿 |
| 20 | 《陈澧》 | 谢光辉，吴嘉茵 |
| 21 | 《易孺》 | 洪权 |